电力生产习惯性违章

表现与防范

王晴 编著

中国电力出版社
CHINA ELECTRIC POWER PRESS

图书在版编目(CIP)数据

电力生产习惯性违章表现与防范/王晴编著. —北京：中国电力出版社，2017.5
ISBN 978-7-5198-0632-3

Ⅰ.①电…　Ⅱ.①王…　Ⅲ.①电力工业-安全生产-生产管理　Ⅳ.①TM08

中国版本图书馆 CIP 数据核字(2017)第 070430 号

出版发行：中国电力出版社
地　　址：北京市东城区北京站西街 19 号（邮政编码 100005）
网　　址：http://www.cepp.sgcc.com.cn
责任编辑：徐　超（01063412386）
责任校对：朱丽芳
装帧设计：王红柳　赵姗杉
责任印制：蔺义舟

印　　刷：汇鑫印务有限公司
版　　次：2017 年 5 月第一版
印　　次：2017 年 5 月北京第一次印刷
开　　本：880 毫米×1230 毫米　32 开本
印　　张：10
字　　数：295 千字
印　　数：0001—2000 册
定　　价：**39.00 元**

内 容 提 要

　　电力企业的反违章工作是确保安全生产的重要环节。为提高电力企业员工对反违章工作的认知程度，让更多的员工了解违章防范工作的具体做法，熟悉违章的具体表现，针对电力企业的特点，编写了本书。

　　全书共分四章，内容包括反违章总则、发电厂和变电站作业违章、电力线路作业违章、热力和机械作业违章。本书对各类违章的表现和防范工作从三个方面进行了说明：一、详细列举了各类违章的具体表现；二、对应违章内容，按照国家标准《电力（业）安全工作规程》和《国家电网公司电力安全工作规程》的要求指出了违章行为所违反的具体安规条款；三、按照《安规》要求，给出该类违章的防范措施及其具体实施方法。

　　本书可以作为电力企业现场作业人员开展反违章教育的培训教材，也可以作为电力企业生产管理人员、安全管理人员的工作实用手册。

对电力系统发生的各类事故进行分析，可以发现绝大多数事故都是由于违章造成。因为现场作业人员固守旧的不良作业传统，长期养成的违反《安规》的工作状况导致了习惯性违章。由于工作人员缺乏安全技术知识或心理、身体以及客观环境的意外诱发了偶然性违章，这些违章存在于工作人员、管理人员、电力设备、基础设施、管理制度等各个方面，直接或间接的影响着人身、设备和电网的安全。因此违章不除，事故不断，电力企业的反违章工作已经成为确保安全生产的重要环节。

电力企业的反违章工作必须从源头抓起，在电力工程设计、监理、物资订购、基建施工、设备运行维护、检修试验等方面开展全过程、全方位、全天候的反违章管理工作。电力企业应针对管理层面、设施层面、现场层面、作业层面分类查找行为违章、装置违章和管理违章，加大查禁违章力度。对发现的各类违章，必须要从教育、曝光、处罚、整改、验收、评价六个步骤进行。对各类违章要认真分析，确定原因，分清责任，提出并落实防范措施，反违章是确保电力企业实现"无违章企业"安全目标的有效载体，是反事故技术措施的可靠手段，是一项持续而长期的工作任务。为提高电力企业员工对反违章工作的认知程度，让更多的员工了解反违章工作的具体做法、熟悉违章的具体内容，编写了《电力生产习惯性违章表现与防范》。

全书共分四章，包括反违章总则、发电厂和变电站作业违章、电力线路作业违章、热力和机械作业违章。本书对各类违章的表现和防范从三个方面进行了说明：一、详细列举了各类违章的具体表现；二、对应违章内容，按照国家标准《电力（业）安全工作规程》和《国家电网公司电力安全工作规程》的要求指出了违章行为所违反的具体安规条款；三、按照《安规》要求，给出该类违章的防范措施及其具体实施方法。

本书可以作为电力企业现场作业人员开展反违章教育的培训教材，也可以作为电力企业生产管理人员、安全管理人员的工作实用手册。

编　者

目 录

第一章　反违章总则

　　反违章是电力安全生产管理工作的一项重要内容，是有效杜绝事故发生的手段和载体，应引起电力企业的高度重视，在安全生产的全过程、全员、全天候、全方位开展反违章工作。要成立反违章领导、工作小组，明确职责，落实责任，从管理、伦理、法理三个方面加强安全教育，不断提高电力员工的安全素养。反违章工作要做到有章可循、有据可查、有人负责、有人监督，实现个人保班组，班组保车间，车间保公司的一级保一级的无违章局面，克服和杜绝偶然性违章、习惯性违章现象，使电力企业反违章工作达到常态化、制度化、标准化，实现人人遵章，各个守纪，最终实现电力企业"无违章"的目标要求。

第一节　违章的分类及定义

一、违章分类

违章一般可分为行为违章、装置违章和管理违章三类。

二、违章定义

1. 行为违章

现场作业人员在电力建设、运行、检修、营销服务等生产活动过程中，违反保证安全的规程、规定、制度、反事故措施等的不安全行为。

2. 装置违章

生产设备、设施、环境和作业使用的工器具及安全防护用品不满足规程、规定、标准、反事故措施等的要求，不能可靠保证人身、电网和设备安全的不安全状态和环境的不安全因素。

3. 管理违章

各级领导、管理人员不履行岗位安全职责，安全规章制度没有落实到全部管理、工作人员，不落实安全管理要求，不健全安全规章制度等的各种不安全作为。

第二节　反违章要点

一、反行为违章

电力企业在开展反行为违章工作中，要始终抓好电力员工的安全教育。通过举办安全讲座、安全培训考试、安全知识问答、安全知识竞赛、采用事故案例及违章者的现身说法等形式进行系统教育，使电力员工认清违章一害自己、二害家庭、三害企业，及时纠正图省力、嫌麻烦、贪图方便，导致违反安全规程的不安全行为。要教育电力员工正确认识行为违章的危害性，提高电力员工遵章守纪的自觉性。

对工作前准备不充分、仓促作业，工作配合不好、交待不清、作业人员想当然、工作前作业人员情绪不好等违反规程制度现象要提前防范，杜绝出现因工作负责人违反安全规定，直接参加工作班作业的违章现象。对作业人员素质不高，不了解安全工作规程，不具备相应的安全技术知识，且自我防护能力不强，不自觉地违反安全规程的行为要加强教育培训力度。

反行为违章，要实行分级管理，分层考核，一层保一层，一级考核一级，每一级都有人负责、都有人监督。各级人员发现行为违章后，必须立即制止，对严重违章者均有权停止其工作，并按照规定进行处理。

对于下列违章行为，安全管理人员都要进行认真统计，针对班组工作人员出现的各类行为违章具体表现，具体分析、找出原因、分清责任，提出并落实防范措施：

（1）工作人员不按《安规》要求，只凭个人工作经验工作，造成违章现象发生。

（2）在无人监护情况下工作人员随意作业。对于比较分散、零星的工作，由于工作人员怕麻烦违反规程制度进行简化工作。

（3）工作中不按照规程要求图方便、找捷径，造成违反《安规》工作。

（4）因赶工期，省去应该设置的安全措施和技术措施。因工作准备不充分，仓促作业而违反《安规》。

（5）工作现场不按照规定召开开工会和收工会，不交代危险点，造成违章。

（6）现场工作人员精神状态和身体状况不具备工作条件就开始工作，造成违章。

（7）工作现场工作人员、工作班组配合出现问题，造成违章。

（8）由于工作人员素质不高，不熟悉《安规》就参加工作。

（9）工作人员不具备相应的安全技术知识，不自觉地违反《安规》。

（10）工作人员违反工作纪律造成违章。

二、反装置违章

电力企业要严格按照国家、电力行业及电力企业所颁发的各种标准、规程、规定、制度和反事故措施相关内容。针对工作现场的环境、设备、设施，从设计、订货、施工、调试、验收等各阶段严格把关，杜绝新的装置违章出现。

对于危及人身、设备和电网安全运行的装置违章，责任部门应立即组织消除。对于一般性装置违章由电力企业主管部门在月度计划中安排消除。对于不能满足规程要求的装置违章，在特殊条件下，因设备结构、布置难以消除的，应采取由技术部门提出装置违章确实无法整改的技术论证分析报告，总工程师批准；针对存在的装置违章制定相应的技术措施和管理措施，编入有关规程制度，并列为危及人身、设备安全的危险点加以落实，措施报上级部门备案。由电力企业主管部门定期或不定期组织对设备现场的装置违章进行监督性检查，各级安监人员主要履行监督职责，检查有无相应的安全技术措施，检查有关专业技术人员、设备负责人是否履行了职责，检查现场安全措施、安全防护用品、安全工器具、作业场所环境等是否符合规程要求。具体检查电气防误闭锁装置，防止锅炉、压力容器爆炸和炉膛灭火放炮措施，电缆防火、阻燃措施，油系统、油区、氢站等防爆防火和消防措施，输煤系统、制粉系统防火防尘措施，防触电、倒杆倒搭、高处坠落和机械损伤等措施，防酸碱腐蚀和六氟化硫防毒措施，防噪声、高温措施，现场安全防护设施，输变电设施防污闪和防护通道等是否符合专业设计要求、技术规程和反事故技术措施要求，检查每季不少于一次。

三、反管理违章

对出现的下列管理违章要查找原因、及时制止、提出并落实整改措施：

（1）各级管理人员不按照《安规》进行现场指挥。

（2）各级管理人员不按照保证电网、人身、设备安全的各种标准、规程、规定、制度和反事故技术措施进行现场指挥。

（3）应该在现场进行指挥的没有指挥。

（4）不在自己职责范围内的乱指挥。

（5）职责范围不清，插手职责范围以外的工作。

（6）在职权范围内的工作不拍板、不指挥，推诿扯皮。

（7）越权管理指挥，代行下属人员指挥。

（8）组织未经培训、考试合格人员参加电力生产工作。

（9）对工作现场各种违章现象不制止。

（10）对现场设备存在的隐患，没有制定消除措施。

（11）对电力设计中存在的缺陷，没有制定消除措施。

（12）对电力施工中存在的缺陷，没有制定消除措施。

（13）对电力设备运行存在的缺陷，没有制定消除措施。

（14）对安全生产管理工作薄弱环节，没有制定消除措施。

（15）岗位安全职责不落实。

（16）制定的安全规章制度不健全。

（17）安全规章制度没有落实到全部管理人员。

（18）安全规章制度没有落实到全部工作人员。

第三节 违章考核

电力企业对发现的各类违章，都要按照有违章必须进行教育培训、有违章必须及时曝光、有违章必须处罚到人、有违章必须立即整改消除的原则进行处理。在电力企业要在公共场合设立违章曝光栏，张贴对违章者的处罚决定，并在决定中说明所违反规程的条款。电力企业要对行为违章、装置违章、管理违章同样重视，对违章责任人和相关人员进行教育培训，制定相应的整改措施和防范措施。因违章导致事故的要按照《电力企业安全生产奖惩规定》进行处罚。

违章以自查为主，对已查处的违章应立即纠正。按规定到位监督、检查、监护人员对发生的违章现象制止不力也应负有相应责任。对发现违章、制止违章、抵制违章的人员，应给予奖励；对因制止违章直接避免了设备事故和人身事故发生的人员，应给予奖励；对及时消除装置违章的人员，应给予奖励；对纠正和制止管理违章的人员，应给予奖励；对纠正和制止行为违章的人员，应给予奖励；对班组间员工相互监督，纠正和制止各类违章的人员，也应给予奖励。

第二章　发电厂和变电站违章表现与防范

第一节　电气操作违章

序号	违章内容	《安规》条文对照	防范措施
1	操作人员、监护人员在没有接到运行值班负责人操作指令的情况下就私自进行操作属于行为违章。对于操作人员、监护人员没有使用操作票进行电气操作属于无票作业。电气操作结束后，由操作人员、监护人员补填操作票也属于行为违章	**GB 26860—2011《电力（业）安全工作规程》（发电厂和变电站电气部分）[简称"国标《安规》（发电厂和变电站电气部分）"]** 7.3.4.1　操作票是操作前填写操作内容和顺序的规范化票式，可包含编号、操作任务、操作顺序、操作时间，以及操作人或监护人签名等	（1）操作前必须有值班调度员、运行值班负责人正式发布的操作指令，并做好记录。 （2）操作前必须使用经事先审核合格的操作票。 （3）操作前应先在模拟图（或微机防误装置、微机监控装置）上进行核对性模拟预演，无误后，再进行操作
2	操作人员、监护人员在进行电气操作时，没有按照《安规》规定填用操作票，电气设备操作不得使用不符合《安规》规定要求的操作票，对于没有操作票进行电气操作，使用草稿纸记录操作内容进行电气操作，使用口头命令代替操作票进行电气操作均属于行为违章。操作人员没有查对模拟图或主接线图，凭记忆填写电气操作票应属于行为违章	**国标《安规》（发电厂和变电站电气部分）** 7.3.4.3　操作前应根据模拟图或接线图核对所填写的操作项目，并经审核签名	（1）运行值班负责人接到值班调度员正式发布的操作预令后，应做好记录。 （2）电气值班人员应根据操作预令对照模拟图填写操作票。 （3）操作前必须使用经事先审核合格的操作票。 （4）没有值班调度员正式发布的操作指令，运行值班负责人严禁向操作人员下达进行操作的指令。 （5）对于没有操作指令，电气值班人员就私自开始操作，运行值班负责人必须立即进行制止。 （6）发电厂和变电站使用的操作票应由供电公司（厂）统一编号，由计算机统一生成。严禁使用草稿纸记录操作内容进行电气操作

续表

序号	违章内容	《安规》条文对照	防范措施
3	操作人员没有根据值班调度员操作预令填写操作票，操作人员没有根据运行值班负责人的操作预令填写操作票，一张票填写多个操作任务均属于行为违章	**国标《安规》（发电厂和变电站电气部分）** 7.3.4.2　操作票由操作人员填用，每张票填写一个操作任务	（1）运行值班负责人接到值班调度员正式发布的操作预令后，应做好记录。 （2）电气值班人员应根据操作预令对照模拟图填写操作票。 （3）操作人员填写完操作票后必须经过运行值班负责人和监护人的审核。 （4）如果审核中发现一张票填写多个操作任务，应通知操作人员及时改正操作票，直至合格为止
4	发电厂和变电站电气操作应由两人进行。操作人必须是作业及以上人员担任，监护人员必须由主责人员担任。如果操作人达不到作业及以上标准，监护人员达不到主责及以上标准进行的电气操作均属于行为违章。对于特别重要和复杂的电气操作，操作人必须是主责及以上人员担任，监护人员必须由现场运行值班负责人担任。如果操作人为学员，监护人员为作业人员进行的电气操作均属于行为违章	**国标《安规》（发电厂和变电站电气部分）** 7.3.4.1　操作票是操作前填写操作内容和顺序的规范化票式，可包含编号、操作任务、操作顺序、操作时间，以及操作人或监护人签名等	操作人、监护人要经过《安规》考试合格，要经过《变电站现场运行规程》考试合格，在安排操作人、监护人时要合理配置，监护人的技术水平和业务素质要高于操作人。监护人的责任心要非常强

续表

序号	违章内容	《安规》条文对照	防范措施
5	如果操作人、现场运行值班负责人没有认真审查操作票就分别在操作票上签名操作则属于行为违章。如果操作人、现场运行值班负责人没有在操作票上签名就进行操作也属于行为违章	**国标《安规》（发电厂和变电站电气部分）** 7.3.4.3 操作前应根据模拟图或接线图核对所填写的操作项目，并经审核签名	（1）操作票应由操作人填写并审核操作票无误后在操作票上签名。 （2）现场运行值班负责人也要对操作票进行审核无误后在操作票上签名。 （3）经各方审核无误后在操作票上签名的操作票由现场运行值班负责人负责保管，凡没有经过审核无误签字的操作票，现场运行值班负责人不得发给操作人进行操作
6	在发电厂和变电站电气操作前，由值班调度员向运行值班负责人发布正式的操作指令。如果运行值班负责人没有接到值班调度员命令就下令操作应属于行为违章	**国标《安规》（发电厂和变电站电气部分）** 7.3.1.1 发令人发布指令应准确、清晰，使用规范的操作术语和设备名称	（1）操作前必须有值班调度员、运行值班负责人正式发布的操作指令，并对照记录。 （2）值班调度员向运行值班负责人发布正式的操作指令要全过程录音。 （3）运行值班负责人下令操作必须按照操作记录中的值班调度员正式发布的操作指令下令
7	发令人使用电话发布指令前，发令人和受令人没有互报单位和姓名，发布指令和接受指令的全过程也没有录音，发布指令和接受指令也没有做好记录均属于行为违章		（1）发令人使用电话发布指令前，发令人和受令人应互报单位和姓名，并在操作记录中记录。 （2）发布指令和接受指令的全过程要进行录音。 （3）发令人使用电话发布指令时如果受令人没有听清楚，应再次询问直至清楚为止。 （4）录音设施要经常检查，如有损坏应及时更换

序号	违章内容	《安规》条文对照	防范措施
8	电气值班人员填写操作票不规范出现操作顺序颠倒应属于行为违章	**国标《安规》（发电厂和变电站电气部分）** 7.3.4.1　操作票是操作前填写操作内容和顺序的规范化票式，可包含编号、操作任务、操作顺序、操作时间，以及操作人或监护人签名等	（1）操作票应由操作人填写并审核操作票无误后在操作票上签名。 （2）现场运行值班负责人也要对操作票进行审核无误后在操作票上签名。 （3）经各方审核无误后在操作票上签名的操作票由现场运行值班负责人负责保管，凡经审核发现操作顺序出现错误的操作票，现场运行值班负责人不得发给操作人进行操作。 （4）组织电气值班人员学习《电气操作票填写规定》。 （5）定期对电气值班人员进行《电气操作票填写规定》考试。 （6）发电厂和变电站应编写《电气操作票填写规定》《典型操作票》
9	操作人员投入、停用单一保护（自动装置）连接片操作没有按照发令人指令进行操作应属于行为违章。操作人员拉、合断路器（开关）的单一操作没有按照发令人指令进行操作应属于行为违章	**国标《安规》（发电厂和变电站电气部分）** 7.3.1.1　发令人发布指令应准确、清晰，使用规范的操作术语和设备名称。 7.3.1.2　受令人接令后，应复诵无误后执行	操作人员投入、停用单一保护（自动装置）连接片时应按照事先记录好的有发令人和受令人签字的记录，并核对现场实际情况后，对照投入××保护（自动装置）记录内容进行现场操作

11

序号	违章内容	《安规》条文对照	防范措施
10	电气值班人员进行发电厂和变电站事故应急处理后没有做好记录应属于行为违章		（1）电气值班人员进行发电厂和变电站事故应急处理后，应做好笔记，事后根据笔记填写相关记录。 （2）发电厂和变电站事故应急处理中使发电厂和变电站一次、二次设备发生变化的，电气值班人员应及时详细做好笔记，事后根据笔记更改模拟图版的设备位置
11	发电厂和变电站一次系统模拟图或接线图与实际运行方式不相符，则属于行为违章	国标《安规》（发电厂和变电站电气部分） 7.3.5.1　具有与实际运行方式相符的一次系统模拟图或接线图	发电厂和变电站一次设备变化后，一次系统模拟图或接线图要随之改变。电气值班人员巡视设备时要进行认真核对
12	如果电气值班人员实际操作前没有进行模拟操作，则属于行为违章	国标《安规》（发电厂和变电站电气部分） 7.3.2.2　正式操作前可进行模拟预演，确保操作步骤正确。 7.3.4.3　操作前应根据模拟图或接线图核对所填写的操作项目，并经审核签名	（1）电气值班人员实际操作前必须进行模拟操作。 （2）由监护人员对照操作票中所列的项目，逐项发布操作指令，操作人根据操作指令逐项复诵后更改模拟系统图或电子接线图。 （3）如果电气值班人员实际操作前没有进行模拟操作，运行值班负责人严禁发布操作指令

序号	违章内容	《安规》条文对照	防范措施
13	发电厂和变电站电气操作过程中随意更换监护人员或操作人员应属于行为违章。发电厂和变电站电气操作过程中监护人员或操作人员做与操作无关的事情应属于行为违章	国标《安规》（发电厂和变电站电气部分） 7.3.3.1 监护操作，是指有人监护的操作	（1）发电厂和变电站电气操作过程中的监护人员、操作人员必须与操作票上签名人员一致。 （2）发电厂和变电站电气操作过程中监护人员与操作人员应相互监督，监督对方不得做与操作无关的事情
14	如果电气操作中途监护人员擅自离开现场，使操作人员操作过程失去监护应属于行为违章		（1）发电厂和变电站电气操作过程中监护人员应自始至终监护操作人员的操作行为，不得离开操作现场。 （2）如果电气操作中途监护人员擅自离开现场，操作人员应立即停止操作
15	发电厂和变电站电气操作过程中监护人员拖拽接地线帮助操作人员装设接地线属于行为违章。发电厂和变电站电气操作过程中监护人员代替操作人进行电气操作属于行为违章。发电厂和变电站电气操作过程中操作人不得失去监护操作属于行为违章		（1）发电厂和变电站电气操作票中有装设和拆除接地线内容的，在操作票备注栏中要注明："监护人员不得拖拽接地线帮助操作人员装设或拆除接地线"。 （2）发电厂和变电站电气操作过程中监护人员不得离开操作人做与操作无关的事情，操作人不得失去监护操作，操作票应始终在监护人手中
16	发电厂和变电站电气操作过程中操作人员在未经监护人员同意的情况下进行与电气操作票无关的操作行为应属于行为违章		

续表

序号	违章内容	《安规》条文对照	防范措施
17	如果监护人员与操作人员达到操作设备实际位置后没有核对系统方式、设备名称、位置、编号、设备实际运行状态与操作票要求一致，操作人就开始操作则属于行为违章	**QGW 1799.1—2013《国家电网公司电力安全工作规程》(变电部分)〔简称"国网《安规》(变电部分)"〕** 5.3.6.2 现场开始操作前，应先在模拟图（或微机防误装置、微机监控装置）上进行核对性模拟预演，无误后，再进行操作。操作前应先核对系统方式、设备名称、编号和位置，操作中应认真执行监护复诵制度（单人操作时也应高声唱票），宜全过程录音。操作过程中应按操作票填写的顺序逐项操作。每操作完一步，应检查无误后做一个"√"记号，全部操作完毕后进行复查	（1）实际电气操作前，监护人员手持操作票走在前，操作人员紧随监护人员其后一起前往被操作设备实际位置。 （2）监护人员与操作人员达到操作设备实际位置后核对系统方式、设备名称、位置、编号、设备实际运行状态与操作票要求一致，并在操作票上打钩确认，操作人才能开始操作
18	操作人员和监护人员面向被操作设备的名称编号牌，监护人员没有按照操作票的顺序逐项高声唱票应属于行为违章		

续表

序号	违章内容	《安规》条文对照	防范措施
19	操作人员和监护人员面向被操作设备的名称编号牌，监护人员按照操作票的顺序逐项高声唱票后，操作人员没有进行高声复诵，监护人员就将钥匙交给操作人员实施操作应属于行为违章		
20	如果一组人员操作两份及以上操作票，监护人员手中持有两份及以上操作票均属于行为违章		(1) 在发电厂和变电站进行电气操作时，监护人员手中只能持有一份操作票。 (2) 一份操作票必须由一组人员操作。 (3) 运行值班负责人严禁将两份及以上操作票交给操作监护人
21	如果操作人员和监护人员对指令有疑问也不向发令人询问清楚就强行操作应属于行为违章	国标《安规》（发电厂和变电站电气部分） 7.3.1.1 发令人发布指令应准确、清晰，使用规范的操作术语和设备名称。 7.3.1.2 受令人接令后，应复诵无误后执行	操作人员、监护人员若对指令有疑问或出现问题时，应向发令人询问清楚，确认无误后再执行操作

15

续表

序号	违章内容	《安规》条文对照	防范措施
22	操作人员和监护人员使用的操作票上接地线编号与现场接地线编号不符应属于行为违章	**QGW 1799.1—2013《国家电网公司电力安全工作规程》(变电部分)〔简称"国网《安规》(变电部分)"〕** 5.3.6.2 现场开始操作前,应先在模拟图(或微机防误装置、微机监控装置)上进行核对性模拟预演,无误后,再进行操作。操作前应先核对系统方式、设备名称、编号和位置,操作中应认真执行监护复诵制度(单人操作时也应高声唱票),宜全过程录音。操作过程中应按操作票填写的顺序逐项操作。每操作完一步,应检查无误后做一个"√"记号,全部操作完毕后进行复查	(1) 操作人员和监护人员使用的操作票上接地线编号与现场接地线编号不符时,应将接地线进行更换,直至接地线与操作票上接地线编号相符。 (2) 如果是操作票上接地线编号填错,应停止操作,重新填写操作票
23	操作人员和监护人员没戴安全帽进行操作,属于行为违章		
24	雨天操作室外高压设备时,操作人员不穿绝缘靴,不戴绝缘手套,属于行为违章	**国标《安规》(发电厂和变电站电气部分)** 7.3.6.5 雨天操作室外高压设备时,应使用有防雨罩的绝缘棒,并穿绝缘靴、戴绝缘手套	

续表

序号	违章内容	《安规》条文对照	防范措施
25	操作人员和监护人员在进行电气操作时擅自解除闭锁进行操作，应属于行为违章	**国标《安规》（发电厂和变电站电气部分）** 7.3.5.3　高压电气设备应具有防止误操作闭锁功能	操作人员在电气操作过程中需要使用解锁钥匙解除闭锁装置时，应向值班负责人汇报，并得到上级生产管理人员同意后打开封条，将所需解锁钥匙取出交操作人，安排解锁监护人监护操作人前往被操作设备地点。使用解锁钥匙开锁前。操作人、监护人面向被操作设备的标示牌，由监护人按照操作票顺序找到未打"√"项高声唱票，操作人高声复诵无误后，监护人确认无误后，监护人发出"对，执行"操作口令，操作人方可用解锁钥匙开锁
26	操作人员和监护人员没有检查GIS中的断路器、隔离开关、接地刀闸气隔单元的SF₆气体压力正常，且有报警信号发出时，操作人员和监护人员就进行操作均属于行为违章		操作人员和监护人员在进行GIS中断路器、隔离开关、接地刀闸操作前，应检查气隔单元的SF_6气体压力正常，气隔单元无报警信号发出，操作人员和监护人员方可进行操作
27	断路器和隔离开关操作后，操作人员和监护人员应逐相检查断路器和隔离开关确在操作后状态，对于不检查设备操作后状态的属于行为违章	**国标《安规》（发电厂和变电站电气部分）** 7.3.6.8　操作后应检查各相的实际位置，无法观察实际位置时，可通过间接方式确认该设备已操作到位	拉开或合上断路器和隔离开关操作后，操作人员和监护人员应对U、V、W逐相检查断路器和隔离开关确在断开位置

续表

序号	违章内容	《安规》条文对照	防范措施
28	雷电天气操作人员和监护人员在室外就地进行电气操作属于行为违章	**国标《安规》（发电厂和变电站电气部分）** 7.3.6.3 雷电天气时，不宜进行电气操作，不应就地电气操作	雷电时不宜进行电气操作，不应就地电气操作。必要时可进行远方操作
29	操作人员和监护人员在进行设备倒负荷操作前后，进行设备解、并列操作前后，必须检查相关电源运行及负荷分配情况，如果不检查相关电源运行及负荷分配情况应属于行为违章	**国网《安规》（变电部分）** 5.3.4.3 下列项目应填入操作票内： d) 在进行倒负荷或解、并列操作前后，检查相关电源运行及负荷分配情况	
30	发电厂和变电站设备检修后，对该设备合闸送电前，操作人员和监护人员如果不检查与该设备有关的断路器和隔离开关确在分闸位置，不检查送电范围内接地刀闸确已拉开，不检查送电范围内接地线确已拆除应属于行为违章	**国网《安规》（变电部分）** 5.3.4.3 下列项目应填入操作票内： e) 设备检修后合闸送电前，检查送电范围内接地刀闸（装置）已拉开，接地线已拆除	发电厂和变电站设备检修后，对该设备合闸送电前，操作人员和监护人员必须检查与该设备有关的断路器和隔离开关确在分闸位置，送电范围内接地刀闸确已拉开，检查送电范围内接地线确已拆除
31	手车式开关拉出、推入前，操作人员和监护人员没有检查断路器确在分闸位置并已到位且可靠锁定，将手车式开关置于"试验"与"运行"位置之间的自由位置上则属于行为违章	**国网《安规》（变电部分）** 5.3.4.3 下列项目应填入操作票内： c) 进行停、送电操作时，在拉合隔离开关（刀闸）、拉出、推入手车式开关前，检查断路器（开关）确在分闸位置	（1）手车式开关推入或拉出前，操作人员和监护人员没有检查断路器确在分闸位置并已到位且可靠锁定。 （2）手车式开关推入或拉出前，操作人员应将手车式开关置于"试验"与"运行"位置之间的自由位置

续表

序号	违章内容	《安规》条文对照	防范措施
32	操作人员使用不合格的验电器在发电厂和变电站电气设备上进行验电操作或验电器伸缩棒长度未拉足，应属于行为违章		（1）严格按照《安规》试验要求对验电器进行定期试验，合格后方可使用。 （2）高压验电操作人员应戴绝缘手套。验电器的伸缩式绝缘棒长度应拉足，验电时手应握在手柄处不得超过护环
33	操作人员使用电压等级不对应的验电器在发电厂和变电站电气设备上进行验电操作，应属于行为违章	国标《安规》（发电厂和变电站电气部分） 6.3.1　直接验电应使用相应电压等级的验电器在设备的接地处逐相验电。验电前，验电器应先在有电设备上确证验电器良好。在恶劣气象条件时，对户外设备及其他无法直接验电的设备，可间接验电。330kV及以上的电气设备可采用间接验电方法进行验电	（1）验电器使用前应进行外观检查，验电器使用前应擦拭干净。 （2）对验电器的绝缘性能发生疑问时，应停止使用，并进行试验，合格后方可使用。 （3）操作人员必须使用电压等级相对应的验电器，如果没有电压等级相对应的验电器必须停止操作，不得用不同电压等级的验电器进行验电操作。 （4）班组每月对验电器全部进行外观检查一次；车间对所辖班组验电器，每季检查一次，抽查率不低于30%，由车间领导、安监员负责检查；公司（厂）每半年对各车间进行抽查，抽查率不低于10%。所有检查均要做好记录。 （5）验电器应时刻处于完好的备用状态，使用后应妥善保管。未经本单位负责人的许可，任何人不得将验电器转借外单位（及个人）使用，如有借用应严格履行借用手续

续表

序号	违章内容	《安规》条文对照	防范措施
34	操作人员虽然使用合格且相应电压等级的验电器，但在停电设备上验电前没有在带电设备上检验验电器正常也应属于行为违章	**国标《安规》（发电厂和变电站电气部分）** 6.3.1　直接验电应使用相应电压等级的验电器在设备的接地处逐相验电。验电前，验电器应先在有电设备上确证验电器良好。在恶劣气象条件时，对户外设备及其他无法直接验电的设备，可间接验电。330kV及以上的电气设备可采用间接验电方法进行验电	（1）操作人员在停电设备上验电之前必须将验电器在带电设备上检验验电器正常后，方可在停电设备上验电。 （2）操作人员验电时，应使用相应电压等级、合格的接触式验电器
35	操作人员在停电设备上进行验电操作时，没有对装设接地线或合接地刀闸处的 U、V、W 三相逐一验电，操作人员只验其中的一相或两相均属于行为违章		（1）操作人员在装设接地线或合接地刀闸（装置）处对各相分别验电。 （2）验电前，操作人员应先在有电设备上进行试验，确证验电器良好。 （3）操作人员无法在有电设备上进行验电器试验时可用工频高压发生器等确证验电器良好
36	操作人员在装设接地线前，必须验电，验电确无电压后操作人员应立即装设接地线（合上接地刀闸），如果因故中断操作，再进行操作时，操作人员没有重新验电应属于行为违章	**国标《安规》（发电厂和变电站电气部分）** 6.4.3　当验明设备确无电压后，应立即将检修设备接地（装设接地线或合接地开关）并三相短路	（1）操作人员验电后应立即装设接地线（合接地刀闸），因故中断操作者，如需继续操作，操作人员必须重新验电。 （2）因故中断操作者，监护人应在操作票上注明，并汇报运行值班负责人。如需继续操作，监护人应重新唱票，操作人员必须重新验电

续表

序号	违章内容	《安规》条文对照	防范措施
37	操作人员使用不合格的操作杆在发电厂和变电站设备上进行装设接地线操作应属于行为违章	**国标《安规》（发电厂和变电站电气部分）** 6.4.1 装设接地线不宜单人进行。 6.4.3 当验明设备确无电压后，应立即将检修设备接地（装设接地线或合接地开关）并三相短路。 6.4.5 装、拆接地线导体端应使用绝缘棒，人体不应碰触接地线。 6.4.9 装设接地线时，应先装接地端，后装接导体端，接地线应接触良好，连接可靠。拆除接地线的顺序与此相反 6.4.10 在配电装置上，接地线应装在该装置导电部分的适当部位	（1）严格按照《安规》试验要求对操作杆、接地线进行定期试验，合格后方可使用。 （2）当验明设备已无电压后，应立即将检修设备接地并三相短路。 （3）电缆及电容器接地前应逐相充分放电，星形接线电容器的中性点应接地、串联电容器及与整组电容器脱离的电容器应逐个多次放电，装在绝缘支架上的电容器外壳也应放电。 （4）接地线、接地刀闸与检修设备之间不得连有断路器（开关）或熔断器。若由于设备原因，接地刀闸与检修设备之间连有断路器（开关），在接地刀闸和断路器（开关）合上后，应有保证断路器（开关）不会分闸的措施。 （5）装设接地线应由两人进行（经批准可以单人装接地线的项目及运行人员除外）。 （6）接地线应采用三相短路式接地线，若使用分相式接地线时，应设置三相合一的接地端。 （7）装设接地线应先接接地端，后接导体端，接地线应接触良好，连接可靠。拆接地线的顺序与此相反。装、拆接地线均应使用绝缘棒和戴绝缘手套。 （8）操作人员在装设接地线时人体不得碰触接地线或未接地的导线，以防止触电。 （9）带接地线拆设备接头时，应采取防止接地线脱落的措施。 （10）成套接地线应用有透明护套的多股软铜线组成，其截面不得小于 25mm²，同时应满足装设地点短路电流的要求。 （11）禁止使用其他导线作接地线或短路线。 （12）操作人员在装设接地线时必须接触良好，接地线应使用专用的线夹固定在导体上，禁止用缠绕的方法进行接地或短路
38	操作人员使用电压等级不对应的操作杆在发电厂和变电站设备上进行装设接地线操作应属于行为违章		
39	接地线、接地刀闸与检修设备之间连有断路器（开关）或熔断器且没有防分闸措施应属于行为违章		
40	操作人员失去监护单人进行装设接地线操作应属于行为违章		
41	操作人员在装设接地线时，如果接地线接触不良或者用缠绕方式接地应属于行为违章		
42	操作人员在装设接地线时使用不合格的接地线或没有接地线编号的应属于行为违章		
43	操作人员在装设接地线时必须先装设接地端，后装设导体端，如果先装设导体端，后装设接地端应属于行为违章		

序号	违章内容	《安规》条文对照	防范措施
44	操作人员在高压验电时未戴绝缘手套，应属于行为违章	**国标《安规》（发电厂和变电站电气部分）** 6.3.2 高压验电应戴绝缘手套	（1）绝缘手套均应编号，并存放在固定地点。存放位置亦应编号，绝缘手套号码与存放位置号码应一致。 （2）绝缘手套应定期试验，并做好记录，使用的绝缘手套不超试验周期。 （3）高压验电应戴绝缘手套。操作杆的伸缩式绝缘棒长度应拉足到位
45	单极刀闸或跌落熔断器水平或垂直排列时，停、送电操作顺序不按规定要求操作属于行为违章		（1）单极刀闸或跌落熔断器水平或垂直排列时，停电拉闸操作顺序应先拉开中相刀闸，后拉开两边相刀闸。 （2）单极刀闸或跌落熔断器水平或垂直排列时，送电合闸操作顺序应先合上两边相刀闸，后合上中相刀闸
46	操作人员在填写操作票时没有将拉开断路器和隔离开关（跌落熔断器），合上断路器和隔离开关（跌落熔断器）的操作填写在操作票中应属于行为违章	**国标《安规》（发电厂和变电站电气部分）** 7.3.4.1 操作票是操作前填写操作内容和顺序的规范化票式，可包含编号、操作任务、操作顺序、操作时间，以及操作人或监护人签名等	下列内容必须填入操作票中： （1）应拉合的断路器（开关）、隔离开关（刀闸）、接地刀闸和熔断器等。 （2）检查断路器、隔离开关、接地刀闸的位置。 （3）断路器、隔离开关、接地刀闸操作后，应把逐相检查其确在操作后状态填入操作票。 （4）进行停、送电操作时，在拉合隔离开关、手车式开关拉出、推入前，检查断路器确在分闸位置并已到位且可靠锁定也要填入操作票。
47	操作人员在填写操作票时没有将检查断路器和隔离开关（跌落熔断器）的实际位置填写在操作票中应属于行为违章		

续表

序号	违章内容	《安规》条文对照	防范措施
48	操作人员在填写操作票时没有将拉开控制回路的空气开关或熔断器，取下控制回路的空气开关或熔断器填写在操作票中应属于行为违章	国标《安规》（发电厂和变电站电气部分） 7.3.4.1 操作票是操作前填写操作内容和顺序的规范化票式，可包含编号、操作任务、操作顺序、操作时间，以及操作人或监护人签名等	（5）在进行倒负荷或解、并列操作前后，检查相关电源运行及负荷分配情况要填入操作票。 （6）设备检修后合闸送电前，检查与该设备有关的断路器、隔离开关确在分闸位置；检查送电范围内接地刀闸已拉开，接地线已拆除均要填入操作票。 （7）装、拆接地线均应在操作票上注明接地线的确切地点和编号，高压开关柜静触头禁止直接装设接地线。 （8）拆除接地线（或拉开接地刀闸）后，检查接地线（或接地刀闸）确已拆除（或拉开）要填入操作票。 （9）合上或拉开控制回路或电压互感器二次回路空气开关要填入操作票。 （10）安装或拆除控制回路或电压互感器二次回路熔断器要填入操作票。 （11）装上或取下手车开关二次连接线插头要填入操作票。 （12）断路器本体检修或操动机构及回路上的工作，在拉开断路器后还应停用合闸电源，拉开刀闸后还应取下（拉开）该断路器的控制回路、信号回路熔断器（空气开关）要填入操作票。
49	操作人员在填写操作票时没有将投入断路器分闸连接片、投入断路器合闸连接片、停用断路器分闸连接片、停用断路器合闸连接片填写在操作票中应属于行为违章		
50	操作人员在填写操作票时没有将切换开关操作方式选择开关切至"远方、就地"位置填写在操作票中应属于行为违章		

续表

序号	违章内容	《安规》条文对照	防范措施
51	操作人员在填写操作票时没有将验电操作的确切位置填写在操作票中应属于行为违章	**国标《安规》（发电厂和变电站电气部分）** 7.3.4.1 操作票是操作前填写操作内容和顺序的规范化票式，可包含编号、操作任务、操作顺序、操作时间，以及操作人或监护人签名等	（13）断开（合上）电动操作隔离开关的操作电源要填入操作票。 （14）装上（合上）控制、信号回路熔断器（空气开关）要填入操作票。 （15）装上（合上）断路器合闸熔断器（空气开关）要填入操作票。 （16）站用变压器、电压互感器一次侧装设接地线前，应取下二次熔断器或拉开二次空气开关要填入操作票。 （17）站用变压器、电压互感器一次侧合上接地刀闸前，应取下二次熔断器或拉开二次空气开关要填入操作票。 （18）母线停电后，应停用该母线电压互感器要填入操作票。 （19）母线送电前，先投入该母线电压互感器要填入操作票。 （20）手车开关拉到（推至）"试验"位置要填入操作票。 （21）检查手车开关已拉到（推至）"试验"位置要填入操作票。 （22）手车开关柜二次连接线插头已装好（已取下）要填入操作票。

续表

序号	违章内容	《安规》条文对照	防范措施
52	操作人员在填写操作票时没有将装拆接地线的确切位置和编号填写在操作票中应于行为违章	**国标《安规》（发电厂和变电站电气部分）** 7.3.4.1　操作票是操作前填写操作内容和顺序的规范化票式，可包含编号、操作任务、操作顺序、操作时间，以及操作人或监护人签名等	（23）将手车开关推至"工作"位置要填入操作票。 （24）将手车开关拉到"检修"位置要填入操作票。 （25）等电位隔离开关操作前，应取下合环断路器的控制熔断器要填入操作票。 （26）切换保护回路和投入自动装置及检验是否确无电压要填入操作票。 （27）切换保护回路和解除自动装置及检验是否确无电压要填入操作票。 （28）切换保护回路连接片或投入、停用保护装置要填入操作票。 （29）投入或解除自动装置要填入操作票。 （30）检查保护回路、自动装置指示情况要填入操作票。 （31）要将验电操作的确切位置、接地线装设的实际位置填写在操作票中

序号	违章内容	《安规》条文对照	防范措施
53	电气操作中，每项操作完后不在操作票上打"√"应属于行为违章		（1）操作人和监护人面向被操作设备的名称编号牌，由监护人按照操作票的顺序逐项高声唱票。操作人应注视设备名称编号，按所唱内容独立地、并用手指点这一步操作应动部件后，高声复诵。监护人确认操作人手指部位正确，复诵无误后，发出"对、执行"的操作指令，并将钥匙交给操作人实施操作。 （2）监护人在操作人完成操作并确认无误后，在操作票的该操作项目上打"√"。 （3）对于检查项目，监护人唱票后，操作人应认真检查，确认无误后再复诵，监护人同时也进行检查，确认无误并听到操作人复诵，在该项目上打"√"。 （4）严禁操作项目与检查项一并打"√"。 （5）严禁全部操作结束后在操作票上补打"√"。 （6）电气操作结束，操作人员和监护人员必须进行全面复查，无误后，操作方能终结。 （7）对已执行完的操作票加盖"已执行"章
54	电气操作中，所有操作完后均不在操作票上打"√"，全部操作结束后在操作票上补打"√"应属于行为违章		
55	操作人员和监护人员在操作过程中应按操作票填写的顺序逐项操作，如果有颠倒顺序、增减步骤、跳项操作应属于行为违章	**国标《安规》（发电厂和变电站电气部分）** 7.3.4.1 操作票是操作前填写操作内容和顺序的规范化票式，可包含编号、操作任务、操作顺序、操作时间，以及操作人或监护人签名等	
56	不按规定对已执行完的操作票加盖"已执行"章，没有履行签字手续的应属于行为违章		
57	电气操作结束，操作人员和监护人员没有进行全面复查，应属于行为违章		
58	操作人员和监护人员按照操作票内容完成全部操作项目后，监护人员在操作票的"⌐"号上盖"已执行"章，并在操作票上记录操作结束时间后交现场运行值班负责人，如果操作项目全部完成后，监护人员在操作票的"⌐"号上没有盖"已执行"章，没有在操作票上记录操作结束时间，没有将操作票交现场运行值班负责人，应属于行为违章		

续表

序号	违章内容	《安规》条文对照	防范措施
59	全部操作项目完成后，现场运行值班负责人没有向调度员汇报操作任务已完成，应属于行为违章		
60	操作人员从柜外将小车推入柜内时，没有将小车处于试验位置，就将二次回路插头插好，并将小车推入柜内，应属于行为违章	**国网《安规》（变电部分）** 7.2.2 检修设备停电，应把各方面的电源完全断开（任何运行中的星形接线设备的中性点，应视为带电设备）。禁止在只经断路器（开关）断开电源或只经换流器闭锁隔离电源的设备上工作。应拉开隔离开关（刀闸），手车开关应拉至试验或检修位置，应使各方面有一个明显的断开点，若无法观察到停电设备的断开点，应有能够反映设备运行状态的电气和机械等指示。与停电设备有关的变压器和电压互感器，应将设备各侧断开，防止向停电检修设备反送电	(1) 开关柜设备停电但无工作，手车开关应拉到"试验"位置。 (2) 设备送电前，检查手车开关已推至"试验"位置，手车开关柜二次连接线插头已装好。 (3) 开关柜设备停电检修工作，手车开关拉到"试验"位置，取下手车开关柜二次连接线插头，手车开关拉至检修位置。 (4) 设备送电前，将手车开关推至"试验"位置，装上手车开关柜二次连接线插头，将手车开关推至"工作"位置
61	操作人员从柜中取出小车时，没有确证开关在试验位置，就取下二次回路插头，将手车开关向外拉出，应属于行为违章		
62	继电保护及自动装置连接片投切不正确，有可能造成继电保护及自动装置拒动或误动，应属于行为违章		

27

序号	违章内容	《安规》条文对照	防范措施
63	现场电气操作前，操作人员应将发电厂和变电站现场设备遥控开关 由"远方"切至"就地"位置，如果全部操作结束后，操作人员没有将发电厂和变电站现场设备遥控开关 由"就地"切至"远方"位置，应属于行为违章		(1) 现场电气操作前，操作人员应将发电厂和变电站现场设备遥控开关 由"远方"切至"就地"位置填写在操作票上，防止操作遗漏。 (2) 全部操作结束后，操作人员将发电厂和变电站现场设备遥控开关 由"就地"切至"远方"位置填写在操作票上，防止操作遗漏
64	高压设备不符合规定条件的，单人进行电气操作，应属于行为违章	**国标《安规》（发电厂和变电站电气部分）** 7.1.2　高压设备符合下列条件时，可实行单人值班或操作： a) 室内高压设备的隔离室设有安装牢固、高度大于 1.7m 的遮栏，遮栏通道门加锁； b) 室内高压断路器的操作机构用墙或金属板与该断路器隔离或装有远方操作机构	

第二节 电气设备巡视违章

序号	违章内容	《安规》条文对照	防范措施
1	没有经公司（厂）批准允许单独巡视电气设备的人员巡视发电厂和变电站设备应属于行为违章。新进入发电厂和变电站人员和实习生单独巡视电气设备应属于行为违章	国网《安规》（变电部分） 4.4.3 新参加电气工作的人员、实习人员和临时参加劳动的人员（管理人员、非全日制用工等），经过安全知识教育后，方可下现场参加指定的工作，并且不得单独工作	（1）每年经公司（厂）组织《安规》考试，合格者经公司（厂）批准允许单独巡视电气设备的人员，并行文公布。 （2）经公司（厂）批准行文允许单独巡视电气设备的人员名单要在发电厂和变电站中公开
2	电气值班人员在巡视电气设备时随意移开或越过遮栏应属于行为违章	国标《安规》（发电厂和变电站电气部分） 7.2.1 巡视高压设备时，不宜进行其他工作	电气值班人员在巡视电气设备时不得进行其他工作，不得移开或越过遮栏
3	电气值班人员巡视电气设备完毕后，没有随手关门应属于行为违章	国网《安规》（变电部分） 5.2.5 巡视室内设备，应随手关门	电气值班人员巡视电气设备需要进出高压室、配电室、电容器室、蓄电池室、控制室必须随手关门
4	雷雨天气，电气值班人员巡视发电厂和变电站设备时，没有穿绝缘靴且使用伞具在发电厂和变电站室外设备区行走，应属于行为违章	国网《安规》（发电厂和变电站电气部分） 7.2.2 雷雨天气巡视室外高压设备时，应穿绝缘靴，不应使用伞具，不应靠近避雷器和避雷针	雷雨天气，电气值班人员需要巡视室外高压设备时，应穿绝缘靴，且禁止使用伞具，并不得靠近避雷器和避雷针

序号	违章内容	《安规》条文对照	防范措施
5	高压设备发生接地时，电气值班人员没有按照《安规》要求进入设备区域，应属于行为违章	国网《安规》（发电厂和变电站电气部分） 7.1.3 高压设备发生接地故障时，室内人员进入接地点 4m 以内，室外人员进入接地点 8m 以内，均应穿绝缘靴。接触设备的外壳和构架时，还应戴绝缘手套	高压设备发生接地时，所有人员进入室内不得接近故障点 4m 以内，室外不得接近故障点 8m 以内。如果进入上述范围的人员应穿绝缘靴，接触设备的外壳和构架时，应戴绝缘手套。工作人员要对所穿绝缘靴、所戴绝缘手套进行检查，确保绝缘靴和绝缘手套不超试验周期，且没有损坏
6	如果遇到火灾、地震、台风、洪水等灾害发生时，需要对电气设备进行巡视时，没有得到设备运行管理单位的领导批准且巡视人员与派出部门之间没有保持通信联络，应属于行为违章	国网《安规》（变电部分） 5.2.3 火灾、地震、台风、冰雪、洪水、泥石流、沙尘暴等灾害发生时禁止巡视灾害现场。灾害发生后，如需要对设备进行巡视时，应制定必要的安全措施，得到设备运维管理单位批准，并至少两人一组，巡视人员应与派出部门之间保持通信联络	
7	发电厂和变电站高压室的钥匙管理不善，借给未经公司（厂）批准的检修、施工队伍的工作负责人使用，也没有登记签名，应属于行为违章	国网《安规》（变电部分） 15.1.4 变、配电站的钥匙与电力电缆附属设施的钥匙应专人严格保管，使用时要登记	
8	巡视高压设备时，工作人员进行与巡视工作无关的事情，应属于行为违章	国标《安规》（发电厂和变电站电气部分） 7.2.1 巡视高压设备时，不宜进行其他工作	在巡视工作中巡视人员不宜进行操作、维护等其他工作，即使在巡视中发现问题也不宜擅自进行处理，以防止误碰高压带电部分或误入带电间隔

续表

序号	违章内容	《安规》条文对照	防范措施
9	电气值班人员巡视电气设备时,发现缺陷或异常但没有汇报当值电气值班负责人,应属于行为违章		电气值班人员在巡视电气设备时如果发现电气设备存在缺陷或异常时,应立即汇报当值运行值班负责人,并由当值运行值班负责人做好记录,按缺陷管理程序汇报调度和相关部门、单位进行处理
10	电气值班人员巡视电气设备时,对注油设备检查不到位造成缺陷没有被发现,应属于行为违章		电气值班人员巡视电气设备时,应检查电气设备的各部位无渗油,无漏油现象,油温、油色、油位正常
11	电气值班人员巡视电气设备时,没有检查电气设备的套管瓷质部分清洁无裂纹,无严重油污,无破碎,无放电现象和放电痕迹,应属于行为违章		电气值班人员巡视电气设备时,应检查电气设备的套管瓷质部分清洁无严重油污、无裂纹、无破碎、无放电现象和放电痕迹
12	电气值班人员巡视电气设备时,检查变压器设备不到位造成缺陷没有被发现,应属于行为违章		(1)检查变压器的油温和温度计应正常,变压器的上层油温一般应在85℃以下,但由于每台变压器的负荷轻重及冷却条件不同,所以油温也不相同,变压器的上层油温应根据变压器现场运行规定具体确定。检查变压器应无异味且负荷正常。 (2)检查变压器的油色、油位正常,储油柜的油位高低应与室外温度相对应,变压器无油漆脱落,各部位无渗油、漏油现象,如果储油柜的油位过高,可能是由于变压器的冷却装置运行不正常或变压器内部故障等原因造成油温升高引起油位过高,

序号	违章内容	《安规》条文对照	防范措施
12	电气值班人员巡视电气设备时，检查变压器设备不到位造成缺陷没有被发现，应属于行为违章		如果是储油柜的油位过低，应检查变压器各密封处是否有严重漏油现象，变压器油门是否关紧。检查变压器储油柜内的油色是否为透明且微带黄色，如果呈红棕色，可能是油位计本身脏污所造成，也可能是变压器油运行时间过长造成。还要检查变压器各阀门的开闭位置正确。 （3）检查套管油位应正常，套管瓷质部分应清洁无裂纹、无严重油污、无破碎、放电现象和放电痕迹。 （4）检查变压器的音响正常，变压器正常运行时，一般有均匀的"嗡嗡"声，如果变压器内部有"噼啪"放电声，则可能是绕组绝缘发生击穿，如果变压器内部电磁声不均匀，则可能是铁心穿心螺丝或螺母有松动现象。 （5）检查变压器的基础架构应无下沉、断裂、变形现象，卵石应清洁，下油道应畅通无阻，中性点接地开关位置正确且闭锁良好。 （6）检查变压器的永久性接地线无松动，无断裂、无锈蚀且接地良好，接地电阻合格，铁心接地、中性点接地、电容套管接地端接地应良好。 （7）检查变压器各控制箱和二次端子箱门应开启灵活、关闭严密。

续表

序号	违章内容	《安规》条文对照	防范措施
12	电气值班人员巡视电气设备时，检查变压器设备不到位造成缺陷没有被发现，应属于行为违章		(8) 检查变压器的各接头应紧固不发热，与变压器连接的母线应无发热迹象，变色试温蜡片应无熔化现象，与变压器连接的引线不应过松过紧。 (9) 检查变压器的吸湿器完好，吸附剂干燥无潮解、没有变色。 (10) 检查变压器防爆阀应正常，防爆膜应完整无裂纹、无存油，释放器无动作信号发出。 (11) 检查变压器的气体继电器应充满油，内部无气体，阀门应开启，防雨罩应完好。 (12) 检查干式变压器的外部表面应无积污。压力释放器、安全气道及防爆膜应完好无损
13	电气值班人员巡视电气设备时，没有检查电气设备的基础架构，造成缺陷没有被发现，应属于行为违章		电气值班人员巡视电气设备时，应检查电气设备的基础架构无下沉、无断裂、无变形、永久性接地线无松动、无断裂、无锈蚀、接地线接地良好
14	电气值班人员巡视变电二次设备不到位，造成缺陷没有被发现，应属于行为违章		(1) 电气值班人员巡视变电二次设备时，应检查继电保护和自动装置运行正常。 (2) 电气值班人员巡视变电二次设备时，应检查二次回路正常，无短路、开路现象，连接片位置正确，接头螺栓无松动，二次电缆无腐蚀和损伤。 (3) 电气值班人员巡视变电二次设备时，应检查各表计指示正常。

续表

序号	违章内容	《安规》条文对照	防范措施
14	电气值班人员巡视变电二次设备不到位，造成缺陷没有被发现，应属于行为违章		（4）电气值班人员巡视变电二次设备时，应检查电气设备机构箱、控制箱和二次端子箱门开启灵活、关闭严密，无锈蚀。 （5）电气值班人员巡视变电二次设备时，应检查电气设备机构箱、控制箱电缆出线封堵严密。 （6）电气值班人员巡视变电二次设备时，应检查变电二次设备标志清楚正确
15	电气值班人员巡视电气设备时，没有检查发电厂和变电站照明灯指示正常，事故照明指示正常，应属于行为违章		电气值班人员巡视电气设备时，应检查发电厂和变电站室外照明灯指示正常、事故照明指示正常，高压设备室照明灯指示正常，控制室照明灯指示正常，电抗器室照明灯指示正常，电容器室照明灯指示正常，保护室照明灯指示正常，蓄电池室照明灯指示正常，站用电室照明灯指示正常，电缆层照明灯指示正常，事故照明指示正常，安全工器具室照明灯指示正常
16	电气值班人员巡视电气设备时，没有检查电气设备的固定遮栏、临时遮栏，设备的名称标志应属于行为违章		（1）电气值班人员巡视电气设备时，应检查电气设备的固定遮栏、临时遮栏符合《安规》要求。 （2）电气值班人员巡视电气设备时，应检查电气设备的名称标志、标示示牌醒目齐全，没有丢失、脱落
17	发电厂和变电站备用设备应始终保持在可用状态，电气值班人员巡视电气设备时，没有巡视检查备用设备的运行状况，应属于行为违章		

续表

序号	违章内容	《安规》条文对照	防范措施
18	巡视高压设备时，做与巡视无关的工作属于行为违章	**国标《安规》（发电厂和变电站电气部分）** 7.2.1 巡视高压设备时，不宜进行其他工作	巡视人员在巡视高压电气设备中，不宜进行操作、维护等其他工作，即使在巡视中发现问题也不宜擅自进行处理，以防止误碰高压带电部分或误入带电间隔
19	大风时，如果没有按照规定进行特殊性巡视检查，应属于行为违章		（1）电气值班人员应检查引线是否摆动过大，有无可能造成对地或相间距离不够而放电。 （2）电气值班人员应检查发电厂和变电站地面是否有杂物可能刮起。 （3）电气值班人员应检查端子箱门、机构箱门是否刮开，如果被风刮开，应将端子箱门、机构箱门关严。 （4）电气值班人员应检查发电厂和变电站控制室、高压室门窗是否关闭严密
20	雷雨冰雹后，电气值班人员没有组织进行特殊性巡视检查，应属于行为违章		（1）电气值班人员应检查电气设备有无放电现象和放电痕迹，瓷质部分有无破碎。 （2）电气值班人员应检查电气设备基础有无下沉，如果有下沉应立即汇报。 （3）电气值班人员应检查雷电计数器动作情况，并做记录

续表

序号	违章内容	《安规》条文对照	防范措施
21	浓雾毛毛雨时，电气值班人员没有组织进行特殊性巡视检查，应属于行为违章		(1) 电气值班人员应检查电气设备有无放电现象和放电痕迹。 (2) 电气值班人员应检查电气设备接头无蒸汽 (3) 对于污秽地区，电气值班人员应重点检查设备瓷质绝缘部分的污秽程度
22	大雨天气，电气值班人员没有组织进行特殊性巡视检查，应属于行为违章		(1) 电气值班人员应检查高压设备室内、控制室内、电容器室内、保护室内有无漏雨，渗水情况。 (2) 电气值班人员应检查穿墙套管有无闪络迹象。 (3) 电气值班人员应检查电缆沟排水是否畅通，是否有积水
23	下雪天气，电气值班人员没有组织进行特殊性巡视检查，应属于行为违章		(1) 电气值班人员应检查电气设备接头试温蜡片熔化情况。 (2) 电气值班人员应清扫道路积雪
24	冬季严寒天气，电气值班人员没有组织进行特殊性巡视检查，应属于行为违章		(1) 电气值班人员应检查注油设备油位是否过低。 (2) 电气值班人员应检查电气设备引线是否过紧，各电气设备有无冻结现象，绝缘子有无结冰，管道有无冻裂现象。 (3) 电气值班人员应检查防小动物进入室内的措施有无问题。 (4) 电气值班人员应检查电缆沟的封堵是否严密，高压室的鼠药是否放置

续表

序号	违章内容	《安规》条文对照	防范措施
25	发电厂和变电站设备过负荷时，电气值班人员没有对设备接头进行测试，应属于行为违章		发电厂和变电站设备设备过负荷时，电气值班人员应增加巡视检查次数，并试验接头有无发热现象，试温蜡片有无熔化
26	高温季节，电气值班人员没有组织进行特殊性巡视检查，应属于行为违章		高温季节，电气值班人员应对高负荷线路及电气设备进行抽查测温，要重点检查充油设备油面是否过高，油温是否超过规定。重点检查变压器的冷却装置运行正常，检查断路器室、电容器室、电抗器室、蓄电池室排风机运转正常
27	如果变压器严重过负荷时，电气值班人员没有采取相应的跟踪措施，应属于行为违章		如果变压器严重过负荷时，电气值班人员应进行特殊性巡视检查，每小时检查1次油温，并开启变压器备用冷却装置，电气值班人员还应采取相应的跟踪措施
28	高峰负荷期间，电气值班人员没有组织进行特殊性巡视检查，应属于行为违章		高峰负荷期间，电气值班人员应重点检查变压器、线路等电气设备的负荷是否超过额定值，检查过负荷设备有无严重过热现象，如果有严重过热现象应汇报，督促处理。如果没有严重过热现象，电气值班人员应采取相应的跟踪措施
29	电气设备异常运行、设备存在重大缺陷时以及法定节假日或者有重要任务时，电气值班人员没有进行特殊性巡视检查，应属于行为违章		电气设备异常运行、设备存在重大缺陷时以及法定节假日或者有重要任务时，电气值班人员应重点监视易受影响的电气设备，电气值班人员应增加对设备的巡视次数，电气值班人员应采取相应的跟踪措施

序号	违章内容	《安规》条文对照	防范措施
30	值班人员巡视设备时，在 SF_6 设备防爆膜附近停留	**国标《安规》（发电厂和变电站电气部分）** 11.2 不应在 SF_6 设备防爆膜附近停留	（1）由于国产 SF_6 电气设备防爆膜爆破时，含有 SO_2、SOF_4、SO_2F_2 及 HF 等毒腐成分及氟化铜（CuF_2）、二氟甲基硅［$Si(CH_3)_2F_2$］、三氟化铝（AlF_3）等有毒粉末的气体将以很高的冲力喷出，危及停留在附近的人员。为防止防爆膜爆破时造成人身伤害，特规定工作人员不应在防爆膜附近停留，最好在此处悬挂禁止停留标志。 （2）如果巡视人员在巡视中发现 SF_6 电气设备有异常情况，应立即报告，查明原因，采取有效措施进行处理
31	电气值班人员不按照电气设备巡视线进行设备巡视，出现漏巡视现象，应属于行为违章。电气值班人员巡视电气设备不到位，应发现的缺陷未发现，应属于行为违章		设备巡视必须两人进行，按照发电厂和变电站电气设备规定巡视路线进行设备巡视。在使用掌上电脑系统时，电气值班人员必须按照掌上电脑使用规定严格执行，认真记录设备的参数，保证数据记录清楚、内容准确、上传及时。防止漏巡视
32	如果电气值班人员不按照电气设备巡视周期进行设备正常巡视，应属于行为违章		正常巡视是电气值班人员按照电气设备巡视周期对所辖无人值班发电厂和变电站设备进行全面巡视。对于 220kV 无人值班变电站，每 2 天巡视一次，对于 110kV 无人值班变电站，每 4 天巡视一次，对于 35kV 无人值班变电站，每 6 天巡视一次。对于无人值班变电站电缆出线 1 号杆，应每周巡视一次

续表

序号	违章内容	《安规》条文对照	防范措施
33	电气值班人员不按照电气设备巡视周期进行设备夜间巡视，应属于行为违章		对于220kV无人值班变电站，每周夜间巡视一次，对于110kV、35kV无人值班变电站，每半月夜间巡视一次
34	电气值班人员不按照电气设备巡视周期进行设备会诊性巡视，应属于行为违章		会诊性巡视是对无人值班变电站存在的设备缺陷进行核对性检查，掌握设备缺陷的变化情况，并根据现场运行情况和设备缺陷发展情况及时变更缺陷性质。会诊性巡视应由运行值班班班长组织，技术专责、两名及以上电气值班人员参加，每月一次对无人值班变电站的设备缺陷进行核对性检查
35	对于设备存在的异常或缺陷发展较为严重时，电气值班人员没有采取相应的跟踪措施，也没有立即汇报，应属于行为违章		（1）对于设备存在的异常未消除前，电气值班人员应采取相应的跟踪措施。 （2）对于设备存在的缺陷有所发展，电气值班人员应采取相应的跟踪措施。 （3）对于设备异常发展较为严重时应立即汇报值班调度员及上级主管部门。 （4）对于设备缺陷发展较为严重时应立即汇报值班调度员及上级主管部门

第三节 电气设备检修试验违章

序号	违章内容	《安规》条文对照	防范措施
1	对于应该将变压器重瓦斯保护连接片由跳闸位置改接于信号位置的工作，电气值班人员没有进行连接片的改接，应属于行为违章		(1) 变压器进行注油和滤油时，电气值班人员应将变压器重瓦斯保护连接片由跳闸位置改接于信号位置。 　　(2) 变压器的呼吸器进行畅通工作或更换硅胶时，电气值班人员应将变压器重瓦斯保护连接片由跳闸位置改接于信号位置。 　　(3) 开、闭瓦斯继电器连接管上的阀门时，电气值班人员应将变压器重瓦斯保护连接片由跳闸位置改接于信号位置。 　　(4) 在变压器瓦斯继电器及其二次回路上工作时，电气值班人员应将变压器重瓦斯保护连接片由跳闸位置改接于信号位置。 　　(5) 变压器除取油样和在瓦斯继电器上部放气阀放气以外，在所有其他地方打开放气、放油和进油阀门时，电气值班人员应将变压器重瓦斯保护连接片由跳闸位置改接于信号位置。 　　(6) 变压器补充氮气或油枕抽真空时，电气值班人员应将变压器重瓦斯保护连接片由跳闸位置改接于信号位置。 　　(7) 处理潜油泵故障工作时，电气值班人员应将变压器重瓦斯保护连接片由跳闸位置改接于信号位置

续表

序号	违章内容	《安规》条文对照	防范措施
2	变压器重瓦斯保护投运前，电气值班人员没有用万用表测量重瓦斯保护连接片正极对地无电压，就将变压器重瓦斯保护由信号改接于跳闸位置，应属于行为违章		由于工作需要，变压器重瓦斯保护连接片由跳闸位置改接于信号位置，当工作结束，待变压器运行2h后，电气值班人员方可将瓦斯继电器放气，无气体后再用万用表测量重瓦斯保护连接片正极对地无电压，确认变压器重瓦斯保护无跳闸脉冲后，方可将变压器重瓦斯保护由信号改接于跳闸位置
3	变压器大修，变压器冷却装置大修工作结束后，电气值班人员没有按照规定要求将变压器重瓦斯保护由信号改接于跳闸位置，应属于行为违章		变压器大修，变压器冷却装置大修工作结束后，在变压器送电前必须将瓦斯保护投入跳闸，待变压器送电良好后再将变压器重瓦斯保护连接片由跳闸位置改接于信号位置。待变压器运行12h后，才允许将变压器重瓦斯保护由信号改接于跳闸位置
4	电气值班人员在调整变压器有载调压装置分头时不检查指示器，不核对电压变化就连续进行调压操作，应属于行为违章		电气值班人员在调整变压器有载调压装置分头前应打开分头指示器，操作中逐级调整，每级分头调整后都要检查变压器低压侧电压变化情况
5	在变压器并列运行情况下，电气值班人员在调整变压器有载调压装置分头时，两台并列运行变压器不同时调整，应属于行为违章		在变压器并列运行情况下，电气值班人员在调整变压器有载调压装置分头时应同时调整两台并列运行变压器分头，保持两台并列运行变压器分头一致。禁止调完一台再跳另一台

续表

序号	违章内容	《安规》条文对照	防范措施
6	如果有载调压装置带负荷调压达到5000次时，应由电气值班人员通知检修单位进行检修，如果电气值班人员没有及时通知检修单位进行检修，应属于行为违章		建立有载调压装置调压记录，当有载调压装置带负荷调压接近5000次时，由电气值班人员通知检修单位提前做好检修准备工作
7	对长期处于备用状态下的变压器，电气值班人员没有对备用变压器送电带负荷运行，应属于行为违章		在发电厂和变电站长期处于备用状态下的变压器，每备用三个月应送电带负荷运行一周。由电气值班人员对备用变压器每季摇测一次绝缘电阻，绝缘电阻值应在合格范围以内
8	工作人员进入 SF_6 电气设备室不检查、不通风，且一人进入 SF_6 电气设备室进行巡视，应属于行为违章	11.6 进入 SF_6 电气设备低位区或电缆沟工作，应先检测含氧量（不低于18%）和 SF_6 气体含量（不超过1000mL/L）	（1）电气值班人员进入 SF_6 电气设备室，入口处若无 SF_6 气体含量显示器，必须先通风15min，并用检漏仪测量 SF_6 气体含量合格。 （2）检修人员进入 SF_6 电气设备室，入口处若无 SF_6 气体含量显示器，必须先通风15min，并用检漏仪测量 SF_6 气体含量合格。 （3）管理人员进入 SF_6 电气设备室，入口处若无 SF_6 气体含量显示器，必须先通风15min，并用检漏仪测量 SF_6 气体含量合格。 （4）严禁单人进入 SF_6 电气设备室进行巡视检查和进行检修维护工作

续表

序号	违章内容	《安规》条文对照	防范措施
9	当断路器液压机构"合闸闭锁""分闸闭锁"信号发出时，电气值班人员擅自解除压力异常闭锁进行分、合断路器的操作，应属于行为违章		（1）当断路器液压机构"合闸闭锁"、"分闸闭锁"信号发出时，电气值班人员立即汇报调度，通知检修单位并做好记录。 （2）电气值班人员应做好液压机构"合闸闭锁"、"分闸闭锁"信号发出的断路器运行跟踪措施。 （3）电气值班人员应在液压机构"合闸闭锁"、"分闸闭锁"信号发出的断路器操作把手上设置"禁止分闸、合闸"的标示。 （4）电气值班人员应断开断路器液压机构电机电源，取下断路器控制熔断器
10	当断路器液压机构油压降低发出"零压闭锁"信号时，电气值班人员没有及时断开断路器液压机构电机电源，取下断路器控制熔断器，应属于行为违章		（1）当断路器液压机构"零压闭锁"信号发出时，电气值班人员应立即汇报调度，通知检修单位并做好记录。 （2）电气值班人员应做好液压机构"零压闭锁"信号发出的断路器运行跟踪措施。 （3）电气值班人员应在液压机构"零压闭锁"信号发出的断路器操作把手上设置"禁止分闸、合闸"的标示。 （4）电气值班人员应断开断路器液压机构电机电源，取下断路器控制熔断器

序号	违章内容	《安规》条文对照	防范措施
11	当气温低时，电气值班人员没有及时投运断路器液压机构箱内的驱潮电阻加热器，应属于行为违章		（1）当气温低时，电气值班人员应投运断路器液压机构箱内的驱潮电阻加热器。 （2）如果断路器液压机构箱内的驱潮电阻加热器损坏，电气值班人员通知检修单位进行处理。 （3）如果断路器液压机构箱门关闭不严，电气值班人员通知检修单位进行处理
12	断路器接近允许跳闸次数1次时，电气值班人员没有停用重合闸装置，应属于行为违章		（1）建立断路器跳闸次数记录，断路器跳闸后做好统计。 （2）断路器跳闸次数统计是一般快速保护动作断路器跳闸统计为1次，断路器跳闸后重合不成统计为2次。其他保护动作断路器跳闸统计为0.5次。 （3）根据断路器跳闸次数记录，当断路器接近允许跳闸次数1次时，电气值班人员应汇报调度，通知检修单位做好对断路器的检修准备工作，停用重合闸装置
13	隔离开关合闸时出现三相不同期，操作人员没有停止操作，继续用力合闸造成隔离开关合闸不到位，应属于行为违章		隔离开关合闸时出现三相不同期，操作人员应立即停止操作，汇报当值运行值班负责人和值班调度员，通知检修单位来站处理

续表

序号	违章内容	《安规》条文对照	防范措施
14	电动操作的隔离开关，操作人员用手直接按接触器进行分、合闸操作，损坏了隔离开关，应属于行为违章		（1）电动操作的隔离开关，操作人员应使用合闸按钮进行隔离开关合闸操作。 （2）电动操作的隔离开关，操作人员应使用分闸按钮进行隔离开关分闸操作。 （3）电动操作的隔离开关，操作人员不得用手直接按分闸接触器进行隔离开关分闸操作。 （4）电动操作的隔离开关，操作人员不得用手直接按合闸接触器进行隔离开关合闸操作。 （5）电动操作的隔离开关，操作人员使用合闸按钮不能进行隔离开关合闸操作，应汇报调度，作为缺陷汇报处理。 （6）电动操作的隔离开关，操作人员使用分闸按钮不能进行隔离开关分闸操作，应汇报调度，作为缺陷汇报处理
15	当发电厂和变电站同一电压等级的双母线一次出现分列运行时，电压互感器二次出现并列运行，应属于行为违章		当发电厂和变电站同一电压等级的双母线一次出现分列运行时，电压互感器二次联络开关上应悬挂"禁止合闸"的标示牌，提醒工作人员严禁操作将二次联络开关合上造成一次分裂，二次并列运行
16	由于工作失误造成电流互感器二次回路开路，应属于行为违章	国标《安规》（发电厂和变电站电气部分） 13.4　在带电的电磁式电流互感器二次回路上工作时，应防止二次侧开路	（1）电流互感器二次侧严禁开路。 （2）短接电流互感器二次回路时不得使用保险丝。 （3）短路时必须使用专用短路线或短路连接片

续表

序号	违章内容	《安规》条文对照	防范措施
17	雷雨过后，电气值班人员没有逐台检查避雷器的动作情况并做好统计记录，应属于行为违章		
18	变压器放电间隙保护动作后，电气值班人员没有到现场进行检查，应属于行为违章		变压器放电间隙保护动作后，电气值班人员没有检查变压器放电间隙是否有电弧烧伤痕迹，支持瓷瓶是否有损伤
19	雷雨天气，在独立避雷针上挂接铁丝或晾晒衣服，应属于行为违章	国标《安规》（发电厂和变电站电气部分） 7.2.2 雷雨天气巡视室外高压设备时，应穿绝缘靴，不应使用伞具，不应靠近避雷器和避雷针	巡视设备时发现在独立避雷针上挂接铁丝或晾晒衣服应制止并立即拆除避雷针上挂接的铁丝
20	发电厂和变电站全站或所在母线停电时，操作人员先拉开各出线断路器，后拉开电力电容器组断路器，应属于行为违章		（1）发电厂和变电站全站停电时，操作人员应先拉开电力电容器组断路器，后拉开各出线断路器。 （2）电力电容器组所在的母线停电时，操作人员应先拉开电力电容器组断路器，后拉开各出线断路器
21	发电厂和变电站全站或母线恢复送电时，操作人员先合上电力电容器组断路器，后合上各出线断路器，应属于行为违章		（1）发电厂和变电站全站恢复送电时，操作人员应先合上各出线断路器，后合上电力电容器组断路器。 （2）电力电容器组所在的母线恢复送电时，操作人员应先合上各出线断路器，后合上电力电容器组断路器

续表

序号	违章内容	《安规》条文对照	防范措施
22	如果电力电容器组断路器分闸后操作人员立即将电力电容器组合闸送电，应属于行为违章		(1) 发电厂和变电站电力电容器组断路器分闸后如果需要再次合闸，其间隔时间不得少于5min。 (2) 发电厂和变电站电力电容器组断路器分闸后，电气值班人员要做好记录，如果确需合闸要间隔5min后再操作
23	电力电容器组所接母线失去电压后，电力电容器组失压保护拒动断路器没有跳闸，此时如果电气值班人员没有应将电力电容器组断路器拉开，应属于行为违章		电力电容器组所接母线失去电压后，电力电容器组失压保护拒动断路器没有跳闸，电气值班人员应将电力电容器组断路器拉开或拉开隔离开关，以免重新来电损坏电力电容器
24	电气值班人员用空载变压器带电力电容器组运行，应属于行为违章		(1) 为了防止铁磁谐振过电流，严禁空载变压器带电力电容器组运行。 (2) 空载变压器要记录值班记录，并提醒电气值班人员禁止带电力电容器组运行
25	当系统电压过高时，操作人员先切除运行电力电容器，再调变压器分头，应属于行为违章。当系统电压过低，操作人员先调整变压器分头，后投入电力电容器运行，应属于行为违章		(1) 当系统电压过高时，操作人员先调变压器分头，如果还不能满足要求时，再切运行的除电力电容器。 (2) 当系统电压过低时，操作人员应先投入电力电容器运行，如果还不能满足要求时，再调整变压器分头

续表

序号	违章内容	《安规》条文对照	防范措施
26	发电厂和变电站四周围墙上部安装有电子安防围栏，防止站内设施遭受人为破坏。由于电气值班人员操作不当将电子安防围栏装置开关断开，造成电子安防围栏失效，应属于行为违章		
27	电气值班人员没有按照《变电站现场运行规程》要求对油浸风冷变压器的冷却装置进行轮换运行，应属于行为违章		电气值班人员应每季对油浸风冷变压器的冷却装置进行轮换运行一次。强油风冷装置电源应结合变压器停电时做备用电源自投试验，并做好记录，同时对工作、辅助、备用冷却器进行试验，保证动作正常。对于有两路电源的冷却装置在试验时严禁两路电源并列运行，试验完后应倒回原方式
28	雷雨季节前，电气值班人员没有对电缆沟排水情况进行检查清理，应属于行为违章		每年雷雨季节前，由电气值班人员检查电缆沟排水情况，并清除沟内垃圾污物，以保证电缆沟内排水畅通无积水，防止积水浸泡电缆
29	对于备用变压器，运行电气值班人员没有按照《变电站现场运行规程》要求对备用变压器进行送电带负荷，应属于行为违章		对于备用变压器，当备用持续达到三个月时，应由电气值班负责人组织电气值班人员对备用变压器送电带负荷一周后再停运

续表

序号	违章内容	《安规》条文对照	防范措施
30	电气值班人员没有按照《变电站现场运行规程》要求进行接地电流测试，应属于行为违章		（1）由电气值班负责人组织电气值班人员利用钳形电流表测量变压器铁芯接地电流，铁芯接地电流不得大于规定值。 （2）电气值班人员测试铁芯接地电流大于规定值，应立即汇报调度，并记录缺陷，通知检修单位来站处理
31	电气值班人员没有按照《变电站现场运行规程》要求对事故照明系统进行检查维护造成事故照明系统存在缺陷和异常，当发电厂和变电站全站无电时，事故照明系统不能正常运行，应属于行为违章		由电气值班负责人组织电气值班人员每月对发电厂和变电站事故照明装置进行一次试验，检查事故照明装置是否可靠运行，如果试验中发现异常应及时排除。每半年应对发电厂和变电站直流系统中的备用充电机进行一次启动试验
32	每年电气值班人员没有对发电厂和变电站内照明电源、生活电源、试验电源进行摇测绝缘，应属于行为违章		每年由电气值班人员对发电厂和变电站内的照明电源、生活电源、试验电源进行摇测绝缘，确保照明电源、生活电源、试验电源回路对地绝缘电阻均正常
33	如果电气值班人员没有按照《变电站现场运行规程》要求对剩余电流动作保护器进行动作试验，应属于行为违章		电气值班人员每月对发电厂和变电站内的剩余电流动作保护器进行一次动作跳试验，检查是否动作正常，如果试验中发现异常应及汇报，通知检修单位更换剩余电流动作保护器，做好记录
34	电气值班人员没有按照《变电站现场运行规程》要求对备用电压互感器进行送电带负荷操作，应属于行为违章		长期备用的电压互感器当备用时间达到6个月时，应送电带负荷一周，方可将备用的电压互感器停运

续表

序号	违章内容	《安规》条文对照	防范措施
35	电气值班人员没有按照《变电站现场运行规程》要求对发电厂和变电站集中通风系统的备用风机与工作风机进行定期轮换，应属于行为违章		电气值班负责人组织电气值班人员每季度对发电厂和变电站集中通风系统的备用风机与工作风机，应每季度轮换运行一次
36	电气值班人员没有按照《变电站现场运行规程》要求对备用站用变压器进行启动试验和送电带负荷操作，应属于行为违章		发电厂和变电站内的备用站用变压器（指站用变压器一次不带电）每年应进行一次启动试验，长期不运行的站用变压器每年应带电运行一段时间
37	电气值班人员没有按照《变电站现场运行规程》要求将长期不投入运行的无功补偿装置进行轮换投入，应属于行为违章		因系统原因对于长期不投入运行的无功补偿装置，当备用持续时间达到 3 个月时，应由电气值班负责人组织电气值班人员对备用无功补偿装置送电运行一周后方可停用，或将电力电容器轮换投入
38	一组母线上有多组无功补偿装置时，各组无功补偿装置的投切次数应尽量平衡，以满足无功补偿装置的轮换运行要求。如果电气值班人员没有按照上述要求进行投切，应属于行为违章		
39	电气值班人员没有按照《变电站现场运行规程》要求对发电厂和变电站母线差动保护不平衡电流定期进行测试，应属于行为违章		（1）每月由电气值班负责人组织电气值班人员测试发电厂和变电站母线差动保护不平衡电流，不平衡电流不超过正常值。 （2）如果不平衡电流超过正常值，电气值班人员应立即汇报，通知检修单位尽快处理，并做好记录

续表

序号	违章内容	《安规》条文对照	防范措施
40	没有按照《变电站现场运行规程》要求对发电厂和变电站电气设备接头进行测温，应属于行为违章		每年2月底和8月底，由发电厂和变电站安全员组织电气值班人员在停电检修前对发电厂和变电站设备接头测温一次
41	如果电气值班人员不按照《变电站现场运行规程》要求对铅酸蓄电池进行定期测试，应属于行为违章		（1）根据蓄电池电解液的比重下降情况，由电气值班负责人组织电气值班人员对蓄电池补加电解液，使液面恢复正常高度。 （2）根据蓄电池电解液的液面下降情况，由电气值班负责人组织电气值班人员对蓄电池补加电解液，使液面恢复正常高度。 （3）由电气值班负责人组织电气值班人员对铅酸蓄电池每月普测一次单体蓄电池的电压、比重。 （4）由电气值班负责人组织电气值班人员对铅酸蓄电池每周测一次代表电池的电压、比重
42	检修发电机时只断开发电机的断路器，没有断开发电机的隔离开关，应属于行为违章	国标《安规》（发电厂和变电站电气部分） 10.2　检修发电机时应做好下列安全措施： a）断开发电机的断路器和隔离开关。若发电机出口无断路器，应断开连接在出口母线上的各类变压器、电压互感器的各侧断路器（开关）、隔离开关（刀闸）或熔断器	（1）检修发电机必须将设备停电，断开可能来电的全部电源。 （2）检修发电机必须断开发电机的断路器（开关）切断可能来电的所有设备，断开隔离开关（刀闸）形成明显断开点。 （3）断开发电机的断路器、断开发电机的隔离开关内容必须填写在操作票和工作票中

续表

序号	违章内容	《安规》条文对照	防范措施
43	对于发电机出口无断路器的，在检修发电机时只断开连接在出口母线上各类变压器的各侧断路器（开关），没有断开连接在出口母线上各类变压器的各侧隔离开关（刀闸）或熔断器，应属于行为违章	**国标《安规》（发电厂和变电站电气部分）** 10.2 检修发电机时应做好下列安全措施： a）断开发电机的断路器和隔离开关。若发电机出口无断路器，应断开连接在出口母线上的各类变压器、电压互感器的各侧断路器（开关）、隔离开关（刀闸）或熔断器	如果发电机出口没有安装断路器（开关），则应断开其上级电源，在检修发电机时必须首先断开连接在出口母线上各类变压器的各侧断路器（开关），检查连接在出口母线上各类变压器的各侧断路器（开关）断开后，再断开连接在出口母线上各类变压器的各侧隔离开关（刀闸）或熔断器，防止检修设备和工作地点突然来电。"断开连接在出口母线上各类变压器的各侧断路器（开关）、断开连接在出口母线上各类变压器的各侧隔离开关（刀闸）或熔断器"必须填写在操作票和工作票中
44	检修发电机时，只断开发电机的励磁电源、盘车装置电源的断路器，没有断开隔离开关或熔断器，应属于行为违章	**国标《安规》（发电厂和变电站电气部分）** 10.2 检修发电机时应做好下列安全措施： b）断开发电机励磁电源、盘车装置电源的断路器、隔离开关或熔断器	由于发电机的励磁电源直接馈入发电机本体，因此发电机检修时励磁电源必须可靠切断。切断盘车装置电源能够确保发电机在检修过程中不会因盘车装置意外送电旋转而引起人身伤害和设备损坏；同时盘车装置也可列入检修内容，检修前必须可靠停电。因此检修发电机前必须断开可能来电的全部电源，并有明显断开点，断开发电机励磁电源、盘车装置电源的断路器必须填写在操作票和工作票中。断开发电机励磁电源、盘车装置电源的隔离开关或熔断器也必须填写在操作票和工作票中

续表

序号	违章内容	《安规》条文对照	防范措施
45	检修发电机时只断开了发电机的断路器、发电机的隔离开关，没有断开断路器、隔离开关、励磁装置、同期装置的操作电源及能源，应属于行为违章	国标《安规》（发电厂和变电站电气部分） 10.2　检修发电机时应做好下列安全措施： c) 断开断路器、隔离开关、励磁装置、同期装置的操作电源及能源	(1) 为防止检修过程中因误动合闸而发生意外，必须断开一经操作即送电的断路器（开关）、隔离开关（刀闸）、励磁装置、同期装置的操作电源及能源，使其失去操作动力。 (2) 断开的操作电源及能源必须填写在工作票和操作票中。 (3) 对于气、油等操作能源，一般可通过切断或关闭气、油阀门，或将气动操作回路和大气连通等来实现
46	检修的发电机中性点与其他发电机的中性点连在一起的，工作前没有将检修发电机的中性点分开，应属于行为违章	国标《安规》（发电厂和变电站电气部分） 10.2　检修发电机时应做好下列安全措施： f) 检修的发电机中性点与其他发电机的中性点连在一起的，工作前应将检修发电机的中性点分开	为了防止单向接地故障造成中性点对地电压升高达到相电压值，从而危及工作人员的人身安全。因此，在检修发电机时，工作前必须将其中性点断开，形成明显断开点，方可开始工作
47	在氢冷机组机壳内工作时，没有关闭氢冷机组补氢阀门，应属于行为违章	国标《安规》（发电厂和变电站电气部分） 10.2　检修发电机时应做好下列安全措施： g) 在氢冷机组机壳内工作时，应关闭氢冷机组补氢阀门，排氢置换空气合格，补氢管路阀门至发电机间应有明显的断开点；检修机组装有灭火装置的，应采取防止灭火装置误动的措施；在以上关闭的阀门和断开点处悬挂"禁止操作，有人工作"的标示牌	在氢冷机组机壳内工作前，工作人员首先关闭氢冷机组补氢阀门，排空、置换机组内氢气至残留浓度合格，并且在补氢管路阀门至发电机间有明显断开点，确保检修过程中氢气不会进入机组

续表

序号	违章内容	《安规》条文对照	防范措施
48	对于检修机组装有可堵塞机内空气流通的自动闸板风门时，工作人员没有采取防止风门关闭措施、没有悬挂标示牌，应属于行为违章	**国标《安规》（发电厂和变电站电气部分）** 10.2 检修发电机时应做好下列安全措施： h) 检修机组装有可堵塞机内空气流通的自动闸板风门的，应采取措施防止风门关闭	对于检修机组装有可堵塞机内空气流通的自动闸板风门时，工作人员应采取断开操作能源、加装制动装置等措施，确保风门不能关闭，并悬挂标示牌
49	变电站冲洗变压器散热装置工作结束后，如果没有检查通风箱受潮情况就将变压器散热器通风电源合闸送电，应属于行为违章		电气检修人员在发电厂和变电站冲洗变压器散热装置工作结束后，应检查通风箱内有无受潮情况，在检查确认没有受潮情况下，方可将变压器散热器通风电源合闸送电
50	电气检修人员在发电厂和变电站冲洗变压器散热装置前，如果没有将变压器所有散热器停止运行就对散热器进行冲洗，应属于行为违章		电气检修人员在发电厂和变电站冲洗变压器散热装置前，应将变压器所有散热器停止运行，再进行散热器片冲洗。此项内容应在工作票上体现
51	由于检修不当造成变压器冷却装置潜油泵和风扇运转不正常，应属于行为违章		(1) 电气检修人员在发电厂和变电站进行变压器冷却装置风扇电机大修时不得使用硬铁件打击轴承，以免造成轴承损坏。 (2) 电气检修人员在发电厂和变电站进行变压器冷却装置潜油泵大修时不得使用硬铁件打击轴承，以免造成轴承损坏

续表

序号	违章内容	《安规》条文对照	防范措施
52	电气检修人员在变电站进行变压器冷却装置风扇电机、潜油泵大修时，没有断开变压器冷却装置交流电源，应属于行为违章		电气检修人员在发电厂和变电站进行变压器冷却装置风扇电机大修、潜油泵大修、潜油泵小修、风扇电机小修、风扇电机处理缺陷、潜油泵处理缺陷时，变压器冷却装置交流电源必须断开
53	在大风天气或空气湿度大于85%时，电气检修人员进行变压器冷却装置风扇电机、潜油泵大修，应属于行为违章		在大风天气或空气湿度大于85%时，电气检修人员禁止进行变压器冷却装置风扇电机、潜油泵、吊罩、有载调压装置大修
54	变压器冷却装置风扇电机检修后，没有检查风扇护网是否影响风扇正常运行就送电，应属于行为违章		变压器冷却装置风扇电机检修后，对变压器通风电源合闸送电前，应检查变压器冷却装置周围情况、检查风扇护网是否影响风扇正常运行、送电时，电气检修人员不得面对刚启动的风扇
55	电气检修人员在发电厂和变电站进行大型变压器注油时，不按规定注油，应属于行为违章		（1）电气检修人员在变电站进行大型变压器注油时，应采取真空注油。 （2）电气检修人员在变电站进行大型变压器注油时，严禁从变压器底部进行注油
56	电气检修人员在检修电气设备时，设备线夹拆头恢复后紧固不牢，出现发热现象，应属于行为违章		

序号	违章内容	《安规》条文对照	防范措施
57	电气检修人员在变压器上进行动火工作,不办理动火工作票,应属于行为违章	**国网《安规》(变电部分)** 16.5.3 在重点防火部位和存放易燃易爆场所附近及存有易燃物品的容器上使用电、气焊时,应严格执行动火工作的有关规定,按有关规定填用动火工作票,备有必要的消防器材	(1) 电气检修人员在变压器附近进行动火工作,办理动火工作票,做好防火安全措施。 (2) 电气检修人员在变压器上进行动火工作,办理动火工作票,做好防火安全措施
58	电气检修人员在进行变压器充油工作时,当充满油后不放气或静止时间不符合规程要求,就进行交流耐压试验,应属于行为违章		
59	中置式开关柜内手车开关拉出后,打开隔离挡板后没有设置"止步,高压危险!"标志牌,没有闭锁,推入工作位置时,没有先将二次线把手插入插槽,应视为行为违章	**国网《安规》(变电部分)** 7.5.4 高压开关柜内手车开关拉出后,隔离带电部位的挡板封闭后禁止开启,并设置"止步,高压危险!"的标示牌	(1) 中置式开关柜内手车开关拉出后,打开隔离挡板必须设置"止步,高压危险!"标志牌。 (2) 中置式开关柜内手车开关拉出后,打开隔离挡板必须要对带电触头进行隔离闭锁。 (3) 中置式开关柜手车推入工作位置前,应拆除设置的"止步,高压危险!"标志牌。 (4) 中置式开关柜手车推入工作位置前,应解除对带电触头的隔离闭锁。 (5) 中置式开关柜手车推入工作位置前,电气检修人员必须先将二次线把手插入插槽

续表

序号	违章内容	《安规》条文对照	防范措施
60	电气检修人员在对 SF_6 断路器、GIS 进行回收净化装置净化 SF_6 处理抽真空时，没有按照相关标准执行均属于行为违章。回收时，工作人员没有站在上风侧也属于行为违章	**国标《安规》(发电厂和变电站电气部分)** 11.5 设备内的 SF_6 气体不应向大气排放，应采取净化装置回收，经处理检测合格后方可再使用。回收时工作人员应站在上风侧	(1) 设备解体前，用回收净化装置净化 SF_6 运行气体，并对设备抽真空，用氮气冲洗 3 次后，方可进行设备解体检修。 (2) 对欲回收利用的 SF_6 气体，要进行净化处理，达到新气标准后方可使用。 (3) 如果是排放废气，事前需作净化处理(如采用碱吸收的方法)，达到国家环保规定标准后，方可排放。 (4) 电气检修人员在对 SF_6 断路器、GIS 进行回收净化装置净化 SF_6 处理抽真空时，现场安排专人看守，看守人员不得擅自离开工作现场。 (5) 回收时工作人员应站在上风侧
61	电气检修人员在对 SF_6 断路器、GIS 进行回收净化装置净化 SF_6 处理抽真空时，在达到 1mm 汞柱后继续抽 30min，再注入 SF_6 气体，电气检修人员没有按照规定将真空度抽到 133Pa 以下，应属于行为违章	**国标《安规》(发电厂和变电站电气部分)** 11.5 设备内的 SF_6 气体不应向大气排放，应采取净化装置回收，经处理检测合格后方可再使用。回收时工作人员应站在上风侧	

序号	违章内容	《安规》条文对照	防范措施
62	SF_6 设备解体检修前，没有对 SF_6 气体进行检验，应属于装置违章	**国标《安规》（发电厂和变电站电气部分）** 11.3　设备解体检修前，应对 SF_6 气体进行检验，并采取安全防护措施	（1）设备解体检修前，应对 SF_6 气体进行检验。 （2）根据有毒气体的含量，采取安全防护措施。 （3）检修人员需穿着防护服并根据需要佩戴防毒面具或正压式空气呼吸器。 （4）打开 SF_6 设备封盖后，现场所有人员应暂离现场 30min。 （5）取出吸附剂和清除粉尘时，检修人员应戴防毒面具或正压式空气呼吸器和防护手套
63	电气检修人员在进行 SF_6 气瓶放置、运输中不符合规定，应属于行为违章	**国网《安规》（变电部分）** 11.17　SF_6 气瓶应放置在阴凉干燥、通风良好、敞开的专门场所，直立保存，并应远离热源和油污的地方，防潮、防阳光暴晒，并不得有水分或油污黏在阀门上。搬运时，应轻装轻卸	（1）电气检修在进行 SF_6 气瓶放置时不得靠近热源和油污场所。 （2）电气检修人员在进行 SF_6 气瓶运输中不得靠近热源和油污场所。 （3）电气检修人员要落实 SF_6 气瓶的防晒、防潮措施到位
64	进入 SF_6 电气设备低位区或电缆沟进行工作不检测含氧量也不检测 SF_6 气体含量，应属于装置违章	**国标《安规》（发电厂和变电站电气部分）** 11.6　进入 SF_6 电气设备低位区或电缆沟工作，应先检测含氧量（不低于 18%）和 SF_6 气体含量（不超过 1000mL/L）	（1）进入 SF_6 电气设备低位区、电缆沟进行工作应先检测含氧量不低于 18%，超过 18% 方可工作，低于 18% 不能进入此区域工作。 （2）进入 SF_6 电气设备低位区、电缆沟进行工作应先检测 SF_6 气体含量是否合格，合格方可工作，不合格不能进入此区域工作

续表

序号	违章内容	《安规》条文对照	防范措施
65	SF_6 电气设备发生大量泄漏紧急情况时，未佩戴防毒面具或正压式空气呼吸器人员进入，没有检测合格就进入，应属于装置违章	国标《安规》（发电厂和变电站电气部分） 11.7 SF_6 电气设备发生大量泄漏等紧急情况时，人员应迅速撤出现场，开启所有排风机进行排风。未佩戴防毒面具或正压式空气呼吸器的人员不应入内	（1）SF_6 电气设备发生大量泄漏紧急情况时，人员应迅速撤出现场。 （2）SF_6 电气设备发生大量泄漏紧急情况时，应立即开启所有排风机进行排风。 （3）SF_6 电气设备发生大量泄漏紧急情况时，未佩戴防毒面具或正压式空气呼吸器人员禁止入内。 （4）SF_6 电气设备发生大量泄漏紧急情况时，只有经过充分的自然排风或强制排风，并用检漏仪测量 SF_6 气体合格后，人员才准进入。 （5）SF_6 电气设备发生大量泄漏紧急情况时，只有经过充分的自然排风或强制排风，并用仪器检测含氧量不低于 18% 后，人员才准进入。 （6）发生设备防爆膜破裂时，应停电处理，并用汽油或丙酮擦拭干净
66	电气检修人员在处理 SF_6 气体时，没有用气体回收装置将 SF_6 气体回收，而是直接放入大气中，应属于行为违章	国标《安规》（发电厂和变电站电气部分） 11.5 设备内的 SF_6 气体不应向大气排放，应采取净化装置回收，经处理检测合格后方可再使用。回收时工作人员应站在上风侧	（1）设备内的 SF_6 气体不准向大气排放。 （2）设备内的 SF_6 气体应采取净化装置回收，经处理检测合格后方准再使用。 （3）设备内的 SF_6 气体回收时工作人员应站在上风侧

59

序号	违章内容	《安规》条文对照	防范措施
67	电气检修人员在检修电气设备时，不按照防误闭锁解锁钥匙使用规定，擅自使用解锁钥匙开启电气设备闭锁装置，应属于行为违章	**国标《安规》（发电厂和变电站电气部分）** 7.3.5.3　高压电气设备应具有防止误操作闭锁功能	（1）电气检修人员在检修电气设备时，确需使用解锁钥匙时必须按照防误闭锁解锁钥匙使用规定，开启电气设备机械程序闭锁装置。 （2）电气检修人员在检修电气设备时，确需使用解锁钥匙时必须按照防误闭锁解锁钥匙使用规定，开启电气设备电气闭锁装置。 （3）电气检修人员在检修电气设备时，确需使用解锁钥匙时必须按照防误闭锁解锁钥匙使用规定，开启电气设备微机闭锁装置。 （4）电气检修人员在检修 10kV 开关柜时，严禁擅自用解锁钥匙打开前、后开关柜门
68	在断路器操作机构上进行检修工作时，电气检修人员没有拉开断路器操作电源，应属于行为违章		
69	SF_6 断路器室入口处未安装气体含量显示装置，工作人员不开启通风装置就进入 SF_6 断路器室，应属于行为违章	**国网《安规》（变电部分）** 11.6　工作人员进入 SF_6 配电装置室，入口处若无 SF_6 气体含量显示器，应先通风 15min，并用检漏仪测量 SF_6 气体含量合格。尽量避免一人进入 SF_6 配电装置室进行巡视，不准一人进入从事检修工作	
70	GIS 装置室入口处未安装气体含量显示装置，工作人员不开启通风装置就进入 GIS 装置室，应属于行为违章		

序号	违章内容	《安规》条文对照	防范措施
71	电气检修人员在带电的互感器二次回路上工作未采取必要的安全防护措施，应属于行为违章	**国标《安规》（发电厂和变电站电气部分）** 13.3　工作中应确保电流和电压互感器的二次绕组应有且仅有一点保护接地。 13.4　在带电的电磁式电流互感器二次回路上工作时，应防止二次侧开路。 13.5　在带电的电磁式或电容式电压互感器二次回路上工作时，应防止二次侧短路或接地	（1）电气检修人员在带电的电压互感器二次回路上工作应采取防止短路的安全防护措施。 （2）电气检修人员在带电的电流互感器二次回路上工作应采取防止开路的安全防护措施。 （3）在带电的电流互感器二次回路上工作，电气检修人员严禁将电流互感器二次回路永久接地点断开。 （4）在带电的电压互感器二次回路上工作，电气检修人员严禁将电压互感器二次回路永久接地点断开
72	电气检修人员在电力电容器上工作时，没有将电力电容器放电并接地，就开始工作，应属于行为违章	**国标《安规》（发电厂和变电站电气部分）** 6.4.3　当验明设备确无电压后，应立即将检修设备接地（装设接地线或合接地开关）并三相短路。电缆及电容器接地前应逐相充分放电，星形接线电容器的中性点应接地	（1）与整组电容器脱离的电容器（如熔断器熔断）和串联电容器无法通过放电装置放尽剩余电荷，由于电容器的剩余电荷一次无法放尽，因此，应逐个多次放电。 （2）装在绝缘支架上的电容器外壳会感应到一定的电位，绝缘支架无放电通道，也应单独放电。 （3）星形接线电容器的中性点必须检查其可靠接地
73	电气检修人员在电容式电压互感器上工作时，没有将电压互感器放电并接地，就开始工作，应属于行为违章		
74	电气检修人员在线路耦合电容上进行拆头工作时，直接登在设备上进行，没有采取必须的安全措施，应属于行为违章		

续表

序号	违章内容	《安规》条文对照	防范措施
75	电气检修人员在电流互感器上进行拆头工作时，直接登在设备上进行，没有采取必须的安全措施，应属于行为违章		
76	电气检修人员在对电压互感器、耦合电容器进行拆头试验时，没有检查其一次设备接地良好，也没有检查其二次熔断器确已取下，应属于行为违章		（1）电气检修人员在对电压互感器进行拆头试验时，必须检查电压互感器一次设备接地良好。 （2）电气检修人员在对电压互感器进行拆头试验时，必须检查电压互感器二次熔断器确已取下，如果二次熔断器没有取下，必须取下二次熔断器，确认有明确断开点后，方可进行试验。 （3）电气检修人员在对耦合电容器进行拆头试验时，必须检查耦合电容器一次接地良好。 （4）电气检修人员在对耦合电容器进行拆头试验时，必须检查耦合电容器二次熔断器确已取下，如果二次熔断器没有取下，必须取下二次熔断器，确认有明确断开点后，方可进行试验
77	带有电动操作机构的隔离开关，在新安装或大修后，未进行慢分、慢合试验，就进行电动操作，应属于行为违章		（1）对于新投运的带有电动操作机构的隔离开关，如果不进行慢分、慢合试验，不得进行电动操作。 （2）对于大修后的带有电动操作机构的隔离开关，如果不进行慢分、慢合试验，不得进行电动操作

续表

序号	违章内容	《安规》条文对照	防范措施
78	电气检修人员在检修带有电动操作机构的隔离开关时，如果手动操作隔离开关，必须拉开隔离开关电机控制电源，如果不拉开隔离开关电机控制电源，就进行手动操作，应属于行为违章		
79	隔离开关大修时，需要更换的触指、触指弹簧以及其他导流部件未更换而造成的接触不良，发生发热现象，应属于行为违章		隔离开关大修时，电气检修人员应更换隔离开关触指、触指弹簧、导流部件使隔离开关接触良好，避免隔离开关发生发热现象
80	因电气检修人员调试不当导致隔离开关存在合闸时不能"过死点"，应属于行为违章		
81	因电气检修人员调试不当导致隔离开关存在拉闸、合闸时卡涩或三相不同期，均属于行为违章		
82	绝缘子、绝缘子串安装前，不认真检查、核对各定位销、轴销应属于行为违章		（1）绝缘子串安装前，电气检修人员必须认真检查、核对各定位销、各轴销无问题。 （2）绝缘子安装前，电气检修人员必须认真检查、核对各定位销、各轴销无问题

序号	违章内容	《安规》条文对照	防范措施
83	在电气设备上工作时,工作人员失去监护,应属于行为违章	**国标《安规》(发电厂和变电站电气部分)** 5.6.2 工作负责人、专责监护人应始终在工作现场,对工作班成员进行监护	(1) 工作负责人和专责监护人应始终在工作现场,对工作班成员的安全进行监护。 (2) 特别是在进行邻近带电部位和高处作业时及复杂工作时,工作班成员应该得到工作负责人或专责监护人的监护。 (3) 如发现工作人员中有违章行为时,工作负责人、专责监护人应及时提出纠正,必要时可令其停止工作
84	在电气设备上工作时,不按照工作票上填写的工作任务随意在原工作票上增填工作项目,应属于行为违章	**国标《安规》(发电厂和变电站电气部分)** 5.3.11 在工作票停电范围内增加工作任务时,若无需变更安全措施范围,应由工作负责人征得工作票签发人和工作许可人同意,在原工作票上增填工作项目;若需变更或增设安全措施,应填用新的工作票	(1) 如果增加工作任务时不涉及停电范围及安全措施的变化,现有条件可以保证作业安全,经工作票签发人和工作许可人同意后,可以使用原工作票,但是应在工作票上注明增加的工作项目并告知工作人员。 (2) 如果增加工作任务时涉及变更或增设安全措施,应先办理工作票终结手续,将工作人员全部撤出工作现场,然后重新办理新的工作票,履行签发、许可手续后,方可继续工作。 (3) 禁止擅自扩大工作范围、增加工作任务及变更或增设安全措施,使作业内容失去安全措施保护,从而引发人身触电、设备损坏等事故

续表

序号	违章内容	《安规》条文对照	防范措施
85	电气检修人员在进行电气设备的线夹压接时，线夹表面没有进行打磨，清除线夹表面的氧化层，应属于行为违章	国网《安规》（变电部分） 9.5.1 用分流线短接断路器（开关）、隔离开关（刀闸）、跌落式熔断器等载流设备，应遵守下列规定： b）组装分流线的导线处应清除氧化层，且线夹接触应牢固可靠	
86	电气检修人员在进行二次电缆更换工作结束后，没有将二次电缆孔洞封堵好，应属于行为违章	国网《安规》（变电部分） 16.1.4 变电站（生产厂房）内外的电缆，在进入控制室、电缆夹层、控制柜、开关柜等处的电缆孔洞，应用防火材料严密封闭	二次电缆更换工作结束后，电气检修人员必须重新用防火材料封堵电缆孔洞，并经电气值班人员验收合格后，方可办理工作票终结
87	被试设备两端不在同一地点，另一端不设专人监护，没有检查回路上确无人工作就对设备加压试验，应属于行为违章	13.7 二次回路通电或耐压试验前，应通知有关人员，检查回路上确无人工作后，方可加压	
88	高压试验人员不按试验标准卡逐项进行试验，试验数据填写不正确，出现工作漏项等均属于行为违章		
89	电流、电压互感器试验时，所拆的二次线头不做标记，恢复接线时未恢复原状态，应属于行为违章		（1）高压试验人员在进行电流、电压互感器试验时，拆下的二次线头必须做好标记。 （2）高压试验人员在进行电流、电压互感器试验时，根据二次线头所做的标记，正确恢复接线

续表

序号	违章内容	《安规》条文对照	防范措施
90	高压试验变更接线时，高压试验人员未断开试验电源，致使高压部分短路接地，应属于行为违章		
91	高压试验工作结束后，高压试验人员未将相关连接片及切换开关位置恢复至工作许可时的状态，就办理工作票终结，应属于行为违章	**国标《安规》（发电厂和变电站电气部分）** 13.9 试验工作结束后，应恢复同运行设备有关的接线，拆除临时接线，检查装置内无异物，屏面信号及各种装置状态正常，各相关连接片（压板）及切换开关位置恢复至工作许可时的状态	
92	高压试验人员在变电站进行高压试验时，没有检查高压试验设备电源侧无明显断开点，就开始连接高压试验设备工作，应属于行为违章		（1）高压试验人员在变电站进行高压试验时，必须检查高压试验设备电源侧有明显断开点，方可开始连接高压试验设备工作，如果高压试验设备电源侧无明显断开点，严禁连接高压试验设备工作。 （2）变电站检修工作现场布置的安全措施不满足安全规定，高压试验人员严禁开始进行检修工作。 （3）变电站检修工作现场布置的安全措施不满足安全规定，高压试验人员严禁开始进行升压试验工作

续表

序号	违章内容	《安规》条文对照	防范措施
93	高压试验人员在变电站进行高压试验时，需要变更试验接线，高压试验人员既不复查试验接线，又不提醒在场的工作人员离开被试设备就私自变更试验接线进行试验，应属于行为违章		
94.	高压试验人员在变电站进行加压试验时，不通知现场人员离开被试设备、不进行监护和呼唱、不经工作负责人许可就擅自加压试验，应属于行为违章	国标《安规》（发电厂和变电站电气部分） 13.7　二次回路通电或耐压试验前，应通知有关人员，检查回路上确无人工作后，方可加压	（1）高压试验人员在变电站进行加压试验前，应通知现场人员离开被试设备才能进行加压试验。 （2）高压试验人员在变电站进行加压试验前，必须有监护的情况下才能进行加压试验。 （3）高压试验人员在变电站进行加压试验前，必须执行呼唱制才能进行加压试验。 （4）高压试验人员在变电站进行加压试验前，必须经工作负责人许可方可加压试验
95	在变电站进行加压工作过程中，高压试验人员未站在绝缘垫上进行升压操作，应属于行为违章		
96	对于未接地的大电容被试电气设备，高压试验人员对其不放电就进行试验，应属于行为违章	国标《安规》（发电厂和变电站电气部分） 14.2.6　未接地的大电容被试设备，应先行放电再做试验。高压直流试验间断或结束时，应将设备对地放电数次并短路接地	

67

续表

序号	违章内容	《安规》条文对照	防范措施
97	试验接线不按规程要求或不按仪器说明书要求，造成数据测量结果不准确，应属于行为违章		高压试验人员在变电站进行试验时，试验装置的金属外壳必须进行可靠接地、试验接线必须按照仪器说明书要求进行
98	对于停电试验的电力电容器，高压试验人员没有对电力电容器进行逐一放电，应属于行为违章	国标《安规》（发电厂和变电站电气部分） 14.2.6 未接地的大电容被试设备，应先行放电再做试验。高压直流试验间断或结束时，应将设备对地放电数次并短路接地	
99	对于停电试验的电力电容器，高压试验人员通过熔断器对电力电容器进行放电，应属于行为违章		
100	同一间隔的被试设备同时进行两个不同专业的工作，应属于行为违章	国标《安规》（发电厂和变电站电气部分） 14.2.1 在同一电气连接部分，许可高压试验前，应将其他检修工作暂停；试验完成前不应许可其他工作	
101	在发电厂和变电站试验现场没有装设遮栏和警示牌，没有派专人看守就进行高压试验，应属于行为违章		

续表

序号	违章内容	《安规》条文对照	防范措施
102	高压试验人员在发电厂和变电站进行试验时，使用不合格的试验工具和仪器仪表，应属于行为违章		高压试验人员在发电厂和变电站进行试验时，应使用合格的试验专用线、试验绝缘杆、仪表、仪器
103	高压设备核相不戴绝缘手套，不穿绝缘靴，应属于行为违章		高压试验人员在发电厂和变电站进行高压设备核相工作时必须戴绝缘手套、穿绝缘靴、并站在绝缘垫上
104	高压直流试验部分或全部结束时未将设备对地多次放电并短路接地，应属于行为违章		(1) 高压直流试验工作全部结束后，高压试验人员必须将试验设备对地多次放电。 (2) 高压直流试验工作全部结束后，高压试验人员必须将试验设备进行短路接地。 (3) 高压直流试验工作部分结束后，高压试验人员必须将试验设备对地多次放电。 (4) 高压直流试验工作部分结束后，高压试验人员必须将试验设备进行短路接地
105	高压试验时，试验人员没有使用专用的高压试验线，应属于行为违章	**国标《安规》（发电厂和变电站电气部分）** 14.2.4　高压试验应采用专用的高压试验线，试验线长度应尽量缩短，必要时用绝缘物支撑牢固	
106	电容式设备、穿墙套管试验完毕，其末屏不按规定正确恢复接地，应属于行为违章		

续表

序号	违章内容	《安规》条文对照	防范措施
107	电磁式电压互感器试验完毕，电压互感器一次线圈尾端不按规定正确恢复接地，应属于行为违章		
108	高压电缆试验前、后，高压试验人员没有对被试电缆进行充分放电，应属于行为违章	国标《安规》（发电厂和变电站电气部分） 15.2.1 电缆试验前后以及更换试验引线时，应对被试电缆（或试验设备）充分放电	工作人员在试验前、后或试验过程中须进入试验场所更换试验引线时，在断电后应首先用专用放电棒，将被试电缆充分对地放电，并验明无电。放电及更换引线时工作人员应戴好绝缘手套，防止被电击
109	电缆两端不在同一地点时，另一端未采取防范措施，应属于行为违章	国标《安规》（发电厂和变电站电气部分） 15.2.2 电缆试验时，应防止人员误入试验场所。电缆两端不在同一地点时，另一端应采取防范措施	（1）在试验加压前通知有关人员离开被试设备，试验现场应装设封闭式的遮栏或围栏，向外悬挂"止步，高压危险！"标示牌。 （2）当电缆两端不在同一地点时，电缆的另一端尤其要派人看守，防止人员误入触电。试验过程中保持电缆两端人员通信畅通
110	电压表或功率表现场校验时，未将电压端子与回路断开，升压时造成二次向一次返送电，应属于行为违章		电气检修人员在对运行中的电压表、功率表进行校验时，必须将电压端子与回路断开措施应填在工作票上
111	规定有接地端的测试仪表，在现场进行试验时，电气检修人员直接将其接到直流电源回路上，造成直流接地，应属于行为违章		

续表

序号	违章内容	《安规》条文对照	防范措施
112	由于电气检修人员校验仪表时接错线，造成电流二次回路开路、电压二次回路短路，应属于行为违章		（1）电气检修人员短接电流互感器二次回路时严禁采用导线缠绕法。 （2）电气检修人员校验仪表时严禁将电流二次回路开路。 （3）电气检修人员校验仪表时严禁将电压二次回路开路
113	电气检修人员在校验仪表时仪表检验项目不全，应属于行为违章		
114	标准室内校验仪表工作结束后，电气检修人员未及时断开有关设备电源，应属于行为违章		
115	变电站母线保护更换或校验时，没有将母线保护中本线路启动失灵保护的接线拆掉并包扎好，应属于行为违章		（1）变电站母线保护更换或校验时，电气检修人员必须将母线保护中本线路启动失灵保护的接线拆掉。 （2）变电站母线保护更换或校验时，电气检修人员必须将母线保护中本线路启动失灵保护的露头接线包扎好
116	继电保护传动断路器时，试验人员没有到现场检查断路器跳闸相别与实际通电相别是否一致，应属于行为违章		

续表

序号	违章内容	《安规》条文对照	防范措施
117	电气检修人员在发电厂和变电站进行继电保护校验时,使用不合格的仪器、仪表进行保护测试,应属于行为违章		
118	更换电流互感器后,继电保护带负荷进行试验时,电气检修人员没有将相应保护退出运行,应属于行为违章		
119	电气检修人员使用保护校验仪校验微机保护时,没有按照要求将保护校验仪接地,应属于行为违章		
120	在保护校验加量试验中,电气检修人员没有认真检查,误将电流加到外回路中,造成二次反送电,应属于行为违章		
121	在保护校验、电气二次安装过程中,没有将断开的二次电流回路恢复,造成电流互感器(TA)二次侧开路,应属于行为违章	**国标《安规》(发电厂和变电站电气部分)** 13.4 在带电的电磁式电流互感器二次回路上工作时,应防止二次侧开路	(1)继电保护校验结束后,电气检修人员必须将断开的电流二次回路恢复正常,防止造成电流互感器二次侧开路。 (2)继电保护安装后,电气检修人员必须将断开的电流二次回路恢复正常,防止造成电流互感器二次侧开路
122	在带电的电压互感器(TV)二次回路上工作,将回路的保护接地点断开,应属于行为违章	**国标《安规》(发电厂和变电站电气部分)** 13.3 工作中应确保电流和电压互感器的二次绕组应有且仅有一点保护接地	继电保护校验、安装过程中,电气检修人员在带电的电压互感器二次回路上工作,严禁将二次回路保护接地点断开

续表

序号	违章内容	《安规》条文对照	防范措施
123	电气检修人员在继电保护屏前工作时，运行继电保护屏与停电检修继电保护屏无明显隔离标志，应属于行为违章		
124	断路器操作机构更换或大修后，未做压力低闭锁分、合闸、重合闸试验，应属于行为违章		断路器操作机构更换或大修后，必须做压力低闭锁分闸、合闸、重合闸试验，并做好试验记录
125	电气检修人员在运行屏柜上进行有振动的工作时，不采取必要的安全措施，应属于行为违章		
126	当变电站发生直流接地时，电气检修人员仍继续在二次回路上工作，应属于行为违章		
127	通过继电保护进行断路器传动试验时，电气检修人员未通知运行人员、现场电气检修人员、现场没有人监护，均属于行为违章		

第四节　电气设备工作票违章

序号	违章内容	《安规》条文对照	防范措施
1	未造成电气设备被迫停运的缺陷处理工作使用事故紧急抢修单，而未使用工作票，应属于行为违章	**国标《安规》（发电厂和变电站电气部分）** 5.2.4　事故紧急抢修工作使用紧急抢修单或工作票。非连续进行的事故修复工作应使用工作票	事故抢修前，要预判抢修工作是否连续，并预估工作时间长短，以决定可否使用紧急抢修单。如果是非连续性的工作则必须使用工作票。未造成电气设备被迫停运的缺陷处理工作不得使用事故紧急抢修单，而应使用工作票
2	事故应急抢修没有填写紧急抢修单，应属于行为违章	**国标《安规》（发电厂和变电站电气部分）** 5.2.4　事故紧急抢修工作使用紧急抢修单或工作票。非连续进行的事故修复工作应使用工作票	（1）设备危急缺陷不立即处理，有可能造成设备损坏或危及人身的必须填写紧急抢修单后进行事故处理。 （2）紧急抢修单必须由抢修工作负责人填写。 （3）抢修班人员没有撤离，材料工具没有清理完毕后，严禁将紧急抢修单结束。 （4）工作负责人没有汇报工作结束不得将紧急抢修单结束
3	如果工作票由工作负责人或工作票签发人以外的人员填写，应属于行为违章	**国网《安规》（变电部分）** 6.3.7.4　工作票由工作负责人填写，也可以由工作票签发人填写	（1）工作票由工作负责人填写。 （2）工作票也可以由工作票签发人填写

序号	违章内容	《安规》条文对照	防范措施
4	工作票所列工作地点有两个及以上不同的工作单位或不同班组在一起工作时，如果不采用总工作票和分工作票，应属于行为违章	**国网《安规》（变电部分）** 6.3.7.7　第一种工作票所列工作地点超过两个，或有两个及以上不同的工作单位（班组）在一起工作时，可采用总工作票和分工作票。总、分工作票应由同一个工作票签发人签发。总工作票上所列的安全措施应包括所有分工作票上所列的安全措施。几个班组同时进行工作时，总工作票的工作班成员栏内，只填明各分工作票的负责人，不必填写全部工作班人员姓名。分工作票上要填写工作班人员姓名	（1）工作票所列工作地点有两个及以上不同的工作单位或不同班组在一起工作时，必须采用总工作票和分工作票。 （2）总工作票与分工作票应由同一个工作票签发人签发。 （3）分工作票计划工作时间不准超出总工作票计划工作时间。 （4）总工作票上所列的安全措施应包括所有分工作票上所列的安全措施。 （5）分工作票应一式两份，由总工作票负责人和分工作票负责人分别收执。 （6）分工作票的许可和工作终结，由分工作票负责人与总工作票负责人办理。 （7）分工作票必须在总工作票许可后才能许可。 （8）总工作票必须在所有分工作票办理工作终结后才可终结
5	工作票应一式两份，两份工作票全部在工作负责人手中，应属于行为违章	**国标《安规》（发电厂和变电站电气部分）** 5.3.6　工作票一份交工作负责人，另一份交工作许可人	工作票应一式两份，工作许可后，其中一份由工作负责人收执，作为其向工作班成员交待工作任务、安全注意事项、现场安全措施等的书面凭证；另一份由工作许可人收执，按值移交，作为掌握工作情况、安全措施设置的依据

续表

序号	违章内容	《安规》条文对照	防范措施
6	承发包工程中，工作票没有实行双方签发形式，应属于行为违章	国标《安规》（发电厂和变电站电气部分） 5.3.5 工作票由设备运行维护单位签发或由经设备运行维护单位审核合格并批准的其他单位签发。承发包工程中，工作票可实行双方签发形式	（1）承发包工程的工作票可由设备运行管理单位（或设备检修维护单位）和承包单位共同签发，共同承担安全责任，即"双签发"。 （2）承包单位的工作票签发人和工作负责人名单应事先送设备运行管理单位备案。 （3）发包方工作票签发人负责审核工作必要性和安全性、工作票上所填写的停电安全措施是否正确完备、所派工作负责人是否在备案名单内。 （4）承包方工作票签发人对工作安全性、工作票上所填写的作业安全措施是否正确完备、所派工作负责人和工作班成员是否适当和充足负责
7	属于同一电压、但位于不同一平面场所，工作中会触及带电导体的几个电气连接部分，在这种情况下使用同一张工作票，应属于行为违章	国网《安规》（变电部分） 6.3.8.3 若以下设备同时停、送电，可使用同一张工作票： a）属于同一电压等级、位于同一平面场所，工作中不会触及带电导体的几个电气连接部分	
8	在工作票上填写计划工作时间错误，与调度批准的设备检修计划工作时间不对应，应属于行为违章	国标《安规》（发电厂和变电站电气部分） 5.3.12 电气第一种工作票、电气第二种工作票和电气带电作业工作票的有效时间，以批准的检修计划工作时间为限，延期应办理手续	工作票的有效时间以正式批准的检修计划工作时间为限。属于调度管辖、许可的检修设备，批准的检修时间为调度批准的开工至完工的时间

续表

序号	违章内容	《安规》条文对照	防范措施
9	在工作票上填写的变、配电站名称及设备双重名称错误、工作内容错误，均属于行为违章		
10	应拉开的断路器、隔离开关、跌落熔断器、快分开关、电源刀闸、高低压熔断器没有在"应拉开断路器（开关）和隔离开关（刀闸）"栏内填写或填写不全，应属于行为违章	国标《安规》（发电厂和变电站电气部分） 6.2.2 停电设备的各端应有明显的断开点，或应能有反映设备运行状态的电气和机械等指示，不应在只经断路器断开电源的设备上工作	（1）工作需要应拉开的全部断路器，包括填写前已经拉开的断路器应填入"应拉开断路器（开关）和隔离开关（刀闸）"栏内。 （2）工作需要应拉开的全部跌落熔断器，包括填写前已经拉开的跌落熔断器应填入"应拉开断路器（开关）和隔离开关（刀闸）"栏内。 （3）工作需要应拉开的全部快分开关，包括填写前已经拉开的快分开关应填入"应拉开断路器（开关）和隔离开关（刀闸）"栏内。 （4）工作需要应拉开的全部隔离开关，包括填写前已经拉开的隔离开关应填入"应拉开断路器（开关）和隔离开关（刀闸）"栏内。 （5）工作需要应拉开的全部电源刀闸，包括填写前已经拉开的电源刀闸应填入"应拉开断路器（开关）和隔离开关（刀闸）"栏内。 （6）工作需要应取下的全部高压熔断器，包括填写前已经取下的高压熔断器应填入"应拉开断路器（开关）和隔离开关（刀闸）"栏内。 （7）工作需要应取下的全部低压熔断器，包括填写前已经取下的低压熔断器应填入"应拉开断路器（开关）和隔离开关（刀闸）"栏内

续表

序号	违章内容	《安规》条文对照	防范措施
11	装设接地线的确切地点和应合的接地刀闸，没有在"应装接地线、应合接地刀闸"栏内填写或填写不全，工作票中填写的装设接地线和应合接地刀闸与现场实际不符，应属于行为违章	**国标《安规》（发电厂和变电站电气部分）** 6.4.4 可能送电至停电设备的各侧都应接地	（1）装设接地线的确切地点应填写在"应装接地线、应合接地刀闸"栏内。 （2）应合的接地刀闸也应填写在"应装接地线、应合接地刀闸"栏内。 （3）工作票"应装接地线、应合接地刀闸"栏内将接地线编号位置留待工作许可人填写。 （4）执行分工作票时，工作过程中加挂的工作接地线或使用的个人保安线由分工作票工作班自装自拆，不用填写在总工作票中。 （5）工作票"应装接地线、应合接地刀闸"栏内填写的装设接地线编号必须与现场实际接地线编号对应。 （6）工作票"应装接地线、应合接地刀闸"栏内填写的已合接地刀闸名称编号必须与现场接地刀闸实际名称编号对应
12	对于小面积停电的检修工作，遮（围）栏没有包围停电设备，应属于行为违章		（1）对于小面积停电的检修工作，遮（围）栏要包围停电设备。 （2）对于小面积停电的检修工作，装设遮（围）栏要在靠近道路边留有出入口，在出入口悬挂"从此进出！"标示牌。 （3）对于小面积停电的检修工作，在遮（围）栏上悬挂"止步，高压危险！"标示牌。 （4）对于小面积停电的检修工作，在遮（围）栏内悬挂"在此工作！"标示牌

续表

序号	违章内容	《安规》条文对照	防范措施
13	对于大面积停电的检修工作，遮（围）栏要全部包围带电设备，不得留有出入口，在遮（围）栏上悬挂"止步，高压危险！"标示牌。在工作区域设置"在此工作！"标示牌。如果遮（围）栏不能包围带电设备，且留有出入口，应属于行为违章	**国标《安规》（发电厂和变电站电气部分）** 6.5.7 若室外只有个别地点设备带电，可在其四周装设全封闭遮栏，遮栏上悬挂适当数量朝向外面的"止步，高压危险！"标示牌	（1）对于大面积停电的检修工作，遮（围）栏要全部包围带电设备。 （2）对于大面积停电的检修工作，装设遮（围）栏不得留有出入口。 （3）对于大面积停电的检修工作，在遮（围）栏上悬挂"止步，高压危险！"标示牌。 （4）对于大面积停电的检修工作，在工作区域设置"在此工作！"标示牌
14	在电气设备室内一次设备上工作，遮（围）栏设置及标示牌悬挂错误，应属于行为违章	**国标《安规》（发电厂和变电站电气部分）** 6.5.8 工作地点应设置"在此工作！"的标示牌	在电气设备室内一次设备上工作，应设置遮（围）栏，出入口位置邻近通道，出入口处悬挂"从此进出！"标示牌，在工作现场悬挂"在此工作！"标示牌
15	在电气设备室内一次设备上工作，没有在禁止通行的过道处悬挂"止步、高压危险！"的标示牌，应属于行为违章	**国标《安规》（发电厂和变电站电气部分）** 6.5.4 在室内高压设备上工作，应在工作地点两旁及对侧运行设备间隔的遮栏上和禁止通行的过道遮栏上悬挂"止步，高压危险！"的标示牌	在电气设备室内一次设备上工作，应在检修设备两侧、禁止通行的过道处、检修设备对面间隔的遮（围）栏上悬挂"止步、高压危险！"的标示牌

续表

序号	违章内容	《安规》条文对照	防范措施
16	变电检修人员在发电厂和变电站全部或部分带电运行屏（柜）上工作时，如果没有将检修设备与带电运行设备前后以红布幔或其他遮、围栏、警示标志等隔开，应属于行为违章		电气检修人员在发电厂和变电站全部或部分带电运行屏（柜）上工作时，应将所检修设备与带电运行设备前后以红布幔或其他遮、围栏、警示标志等隔开
17	电气检修人员在发电厂和变电站全部或部分带电运行屏（柜）上工作时，如果在测控屏（柜）、继电保护屏（柜）、自动装置屏（柜）前、后没有设置"在此工作!"标示牌，应属于行为违章	**国标《安规》（发电厂和变电站电气部分）** 6.5.8　工作地点应设置"在此工作!"的标示牌	电气检修人员在发电厂和变电站全部或部分带电运行屏（柜）上工作时，应在电气检修人员工作的测控屏（柜）、继电保护屏（柜）、自动装置屏（柜）前、后设置"在此工作!"标示牌
18	高压开关柜内手车开关拉至"检修"位置时，如果没有将隔离带电部位的挡板封闭，没有在柜门上设置"止步，高压危险!"标示牌，应属于行为违章	**国标《安规》（发电厂和变电站电气部分）** 6.5.5　高压开关柜内手车开关拉至"检修"位置时，隔离带电部位的挡板封闭后不应开启，并设置"止步，高压危险!"的标示牌	高压开关柜内手车开关拉出开关柜后，在隔离带电部分的挡板处设置"止步，高压危险!"标示牌，在柜门上设置"止步，高压危险!"标示牌

序号	违章内容	《安规》条文对照	防范措施
19	线路停电时，如果没有在线路断路器和线路侧隔离开关操作把手上悬挂"禁止合闸，线路有人工作"标示牌，应属于行为违章	国标《安规》（发电厂和变电站电气部分） 8.1 线路作业时发电厂和变电站的安全措施应满足一般工作程序和安全要求	线路停电时，应依次拉开断路器（开关）、线路隔离开关（刀闸）、母线隔离开关（刀闸），手车开关拉至试验或检修位置，取下线路电压互感器低压侧熔断器或拉开电压互感器二次回路开关，断开断路器（开关）、隔离开关（刀闸）的控制电源和合闸电源，弹簧、液压、气动操作机构释放储能或关闭有关阀门，以确保不会向检修线路误送电。在验明无电压后，在线路上所有可能来电的各端装设接地线或合上接地刀闸（装置），以防反送电。然后在该线路断路器（开关）和隔离开关（刀闸）的操作把手上悬挂"禁止合闸，线路有人工作"的标示牌，在显示屏上断路器（开关）和隔离开关（刀闸）的操作处均应设置"禁止合闸，线路有人工作！"的标记，禁止任何人员在这些设备上操作，以防向工作的线路误送电
20	持线路工作票进入变电站进行架空线路、电缆等工作，没有得到变电站工作许可人许可就开始工作，应属于行为违章	国标《安规》（发电厂和变电站电气部分） 5.3.8 持线路工作票进入变电站进行架空线路、电缆等工作，应得到变电站工作许可人许可后方可开始工作	

续表

序号	违章内容	《安规》条文对照	防范措施
21	发电厂和变电站的断路器有检修工作时，应停用该断路器的失灵保护，停用联跳其他断路器的出口连接片，如果没有停用该断路器的失灵保护，停用联跳其他断路器的出口连接片，应属于行为违章		
22	工作地点保留的带电部分没有写全或填写错误，均应属于行为违章		"工作地点保留带电部分或注意事项"栏应填写工作地点保留的带电部分，包括停电设备上、下、左、右、前、后第一个相邻带电间隔设备的名称、编号或注意事项
23	工作票签发人不是公司（厂）正式批准的，应属于行为违章		工作票由设备运行单位签发，也可由经设备运行单位审核且经批准的修试及基建单位签发
24	工作票签发人对工作现场不熟悉就签发工作票	国标《安规》（发电厂和变电站电气部分） 5.4.1 工作票签发人： a）确认工作必要性和安全性； b）确认工作票上所填安全措施正确、完备； c）确认所派工作负责人和工作班人员适当、充足	

续表

序号	违章内容	《安规》条文对照	防范措施
25	工作许可人布置完现场安全措施，在工作票应装设接地线空位栏处填入的接地线编号与实际不符，就会同工作负责人在工作票上分别签名，应属于行为违章	**国标《安规》（发电厂和变电站电气部分）** 5.5.1　工作许可人在完成施工作业现场的安全措施后，还应完成以下手续： a）会同工作负责人到现场再次检查所做的安全措施； b）对工作负责人指明带电设备的位置和注意事项； c）会同工作负责人在工作票上分别确认、签名	（1）工作许可人布置完现场安全措施，在工作票应装设接地线空位栏处填入现场实际装设接地线编号。 （2）工作票应装设接地线空位栏处填入的接地线编号必须与实际相符。 （3）工作许可人在完成施工作业现场的安全措施，会同工作负责人到现场再次检查所做的安全措施正确后，方可与工作负责人在工作票上分别确认、签名
26	工作许可人没有逐项确认现场安全措施与工作票所填安全措施是否相符就打"√"，应属于行为违章	**国标《安规》（发电厂和变电站电气部分）** 4.3.1　在电气设备上工作应有保证安全的制度措施，可包含工作申请、工作布置、书面安全要求、工作许可、工作监护，以及工作间断、转移和终结等工作程序	工作许可人布置完现场安全措施，应逐项确认与工作票所填安全措施是否相符，如果完全相符就在工作票"已执行"栏内对应安全措施逐一打"√"
27	工作许可人没有会同工作负责人到现场检查所做的安全措施是否正确，工作许可人就与工作负责人分别在工作票上签字，应属于行为违章		

续表

序号	违章内容	《安规》条文对照	防范措施
28	工作许可人没有会同工作负责人到现场证明检修设备确无电压，也没有对工作负责人指明带电设备的位置和工作过程中的注意事项，工作许可人就与工作负责人分别在工作票上签字，应属于行为违章	**国标《安规》（发电厂和变电站电气部分）** 4.3.1 在电气设备上工作应有保证安全的制度措施，可包含工作申请、工作布置、书面安全要求、工作许可、工作监护，以及工作间断、转移和终结等工作程序	
29	在发电厂和变电站工作，同时使用总工作票与分工作票时，工作许可人只会同总工作票工作负责人到现场检查所做的安全措施，分工作票中工作负责人没有参加现场检查，应属于行为违章		在发电厂和变电站工作，同时使用总工作票与分工作票时，工作许可人要会同总工作票工作负责人到现场检查所做的安全措施、隔离措施，分工作票中各工作负责人也要全部同时参加
30	在工作票上由工作许可人填写许可开始工作时间，如果工作票上的许可开始工作时间不是由工作许可人填写，应属于行为违章	**国标《安规》（发电厂和变电站电气部分）** 4.3.1 在电气设备上工作应有保证安全的制度措施，可包含工作申请、工作布置、书面安全要求、工作许可、工作监护，以及工作间断、转移和终结等工作程序	

续表

序号	违章内容	《安规》条文对照	防范措施
31	在工作许可人与工作负责人没有履行许可手续前，工作人员和检修试验车辆不得进入设备工作现场。如果没有履行许可手续，工作人员和检修试验车辆就进入设备工作现场，应属于行为违章		
32	工作负责人、专责监护人员没有向工作班全体工作人员交代工作内容、人员分工、带电部位、现场安全措施和工作危险点，工作班人员就开始工作，应属于行为违章	国标《安规》（发电厂和变电站电气部分） 5.4.4　专责监护人： a）明确被监护人员和监护范围； b）工作前对被监护人员交待安全措施，告知危险点和安全注意事项； c）监督被监护人员执行本标准和现场安全措施，及时纠正不安全行为	
33	在发电厂和变电站工作，同时使用总工作票与分工作票时，分工作票负责人没有与总工作票负责人办理分工作票许可手续就通知分工作票工作班人员开始工作，应属于行为违章		在发电厂和变电站工作，同时使用总工作票与分工作票时，所有分工作票负责人在总工作票上签名后，必须与总工作票负责人办理分工作票许可手续后，方能通知分工作票工作班人员开始工作

续表

序号	违章内容	《安规》条文对照	防范措施
34	专责监护人离开现场时，没有通知被监护人员停止工作或离开工作现场，没有履行专责监护人员变更手续，也没有告知全体被监护人员，应属于行为违章	**国标《安规》（发电厂和变电站电气部分）** 5.4.4 专责监护人： a）明确被监护人员和监护范围； b）工作前对被监护人员交待安全措施，告知危险点和安全注意事项； c）监督被监护人员执行本标准和现场安全措施，及时纠正不安全行为	（1）专责监护人在工作现场监护期间不得兼做其他工作。 （2）专责监护人临时离开时，应通知被监护人员停止工作或离开工作现场，待专责监护人回来后方可恢复工作。 （3）若专责监护人必须长时间离开工作现场时，应由工作负责人变更专责监护人，履行变更手续，并告知全体被监护人员
35	专责监护人没有按照安全职责进行监护，应属于行为违章		（1）明确被监护人员和监护范围。 （2）工作前对被监护人员交待安全措施，告知危险点和安全注意事项。 （3）监督被监护人员遵守安全规程和现场安全措施，及时纠正不安全行为
36	工作现场，专责监护人从事与监护无关的工作，应属于行为违章	**国标《安规》（发电厂和变电站电气部分）** 5.4.4 专责监护人： a）明确被监护人员和监护范围； b）工作前对被监护人员交待安全措施，告知危险点和安全注意事项； c）监督被监护人员执行本标准和现场安全措施，及时纠正不安全行为	（1）专责监护人应明确自己的被监护人员、监护范围，确保被监护人员始终处于监护之中。 （2）专责监护人在工作前，应向被监护人员交待安全措施，告知危险点和安全注意事项，并确认每一个工作班成员都已知晓。 （3）专责监护人应全程监督被监护人员遵守安全规程和现场安全措施，及时纠正不安全行为，从而保证作业安全

续表

序号	违章内容	《安规》条文对照	防范措施
37	随意变更工作负责人，不履行变更手续应属于行为违章		变更工作负责人，必须履行变更手续，得到原工作票签发人的同意，做好必要的交接，确保新的工作负责人熟悉现场、工作内容、危险点、安全措施、技术措施、工作进度、工作班成员的状况，并告知全体工作人员和工作许可人
38	变更工作班成员或工作负责人时，未履行变更手续，应属于行为违章	国标《安规》（发电厂和变电站电气部分） 5.3.10　变更工作班成员或工作负责人时，应履行变更手续	（1）工作班成员在工作前都需进行安全交底，并熟悉工作内容、工作流程，掌握安全措施，明确工作中的危险点。因故变更成员时，应对新的成员重新交底，履行确认手续，并做好书面记录。 （2）变更工作负责人，必须履行变更手续，得到原工作票签发人的同意，做好必要的交接，确保新的工作负责人熟悉现场、工作内容、危险点、安全措施、技术措施、工作进度、工作班成员的状况，并告知全体工作人员和工作许可人
39	对于调度管辖的设备，在没有征得值班调度员的批准通知后，就随意办理延期手续，应属于行为违章		

序号	违章内容	《安规》条文对照	防范措施
40	全部工作完毕后，工作人员还未撤离工作地点，工作现场还留有遗留物，工作负责人就与电气值班人员共同办理工作终结，应属于行为违章	国标《安规》（发电厂和变电站电气部分） 5.7.5 全部工作完毕后，工作负责人应向运行人员交待所修项目状况、试验结果、发现的问题和未处理的问题等，并与运行人员共同检查设备状况、状态，在工作票上填明工作结束时间，经双方签名后表示工作票终结	（1）全部工作完毕后，工作班没有全面清扫、整理现场，工作负责人严禁与电气值班人员共同办理工作终结。 （2）全部工作完毕后，工作现场还留有遗留物，工作负责人严禁与电气值班人员共同办理工作终结。 （3）全部工作完毕后，工作人员还未撤离工作地点，工作负责人严禁与电气值班人员共同办理工作终结。 （4）全部工作完毕后，工作负责人应向电气值班人员交待工作现场无遗留物、工作人员全部撤离，并与电气值班人员共同检查设备状况、状态后，在工作票上填明工作结束时间，经双方签名后表示工作票终结
41	电气值班人员在没有拆除工作票要求装设（拉开）的接地线（接地刀闸）、遮栏、标示牌，就办理工作票终结，应属于行为违章		
42	电气值班人员对于未拆除的接地线、未拉开的接地刀闸，没有在工作票中相应栏目填写或填写错误，就办理工作票终结，应属于行为违章		

续表

序号	违章内容	《安规》条文对照	防范措施
43	工作间断，次日复工时，没有得到工作许可人的许可，工作负责人没有重新检查安全措施是否符合工作票的要求，就开始工作，应属于行为违章	**国标《安规》（发电厂和变电站电气部分）** 5.7.1　工作间断时，工作班成员应从工作现场撤出，所有安全措施保持不变。隔日复工时，应得到工作许可人的许可，且工作负责人应重新检查安全措施。工作人员应在工作负责人或专责监护人的带领下进入工作地点	（1）工作间断时，工作班人员应从工作现场撤出，所有安全措施保持不动。 （2）工作间断时，工作票仍由工作负责人执存。 （3）工作间断后继续工作，无需通过工作许可人。 （4）每日收工，应清扫工作地点，开放已封闭的通道，并将工作票交回电气值班人员。 （5）次日复工时，应得到工作许可人的许可，取回工作票，工作负责人应重新认真检查安全措施是否符合工作票的要求，并召开现场班会后，方可工作。 （6）若无工作负责人或专责监护人带领，工作人员不得进入工作地点
44	在工作间断期间，遇到紧急需要，电气值班人员没有事先通知工作负责人，在没有得到可送电答复的情况下就合闸送电，应属于行为违章	**国标《安规》（发电厂和变电站电气部分）** 5.7.2　在工作间断期间，若有紧急需要，运行人员可在工作票未交回的情况下合闸送电，但应先通知工作负责人，在得到工作班全体人员已离开工作地点、可送电的答复，并采取必要措施后方可执行	当日工作间断，若有紧急需要，电气值班人员可在工作票未交回的情况下合闸送电。此时设备完全处于许可检修状态，要合闸送电，必须采取以下可靠措施： （1）将需要紧急送电的情况通知工作负责人，确认设备一、二次接线已接好，具备带电运行条件，得到工作负责人所有工作班成员已经离开工作现场、可送电的肯定答复。此时应派电气值班人员到工作现场检查待送电设备是否符合送电条件，工作班成员是否已全部撤离，防止送电造成人员触电。

续表

序号	违章内容	《安规》条文对照	防范措施
44	在工作间断期间，遇到紧急需要，电气值班人员没有事先通知工作负责人，在没有得到可送电答复的情况下就合闸送电，应属于行为违章	**国标《安规》(发电厂和变电站电气部分)** 5.7.2 在工作间断期间，若有紧急需要，运行人员可在工作票未交回的情况下合闸送电，但应先通知工作负责人，在得到工作班全体人员已离开工作地点、可送电的答复，并采取必要措施后方可执行	(2) 送电之前应拆除临时遮栏、接地线和标示牌，恢复常设遮栏和标示牌，以提醒工作人员设备不具备工作条件。 (3) 在所有通往工作地点的道路上派专人守候，以便告知工作人员"设备已经送电，不得继续工作!"，守候人员应等到工作票交回后方能离开
45	工作人员擅自扩大工作范围和工作内容，超出工作票内容，应属于行为违章		
46	工作时间超过工作票有效时间，又未办理延期手续，应属于行为违章	**国标《安规》(发电厂和变电站电气部分)** 5.3.12 电气第一种工作票、电气第二种工作票和电气带电作业工作票的有效时间，以批准的检修计划工作时间为限，延期应办理手续	(1) 第一、二种工作票需办理延期手续，应在工期尚未结束以前由工作负责人向电气值班负责人提出申请(属于调度管辖、许可的检修设备，还应通过值班调度员批准)，由电气值班负责人通知工作许可人给予办理。 (2) 第一、二种工作票只能延期一次。 (3) 带电作业工作票不准延期

续表

序号	违章内容	《安规》条文对照	防范措施
47	检修工作负责人在工作票所列安全措施未全部实施前，允许工作人员作业，应属于行为违章		
48	两天及以上的工作票每天开、收工时，未将开、收工时间填写在工作票上，应属于行为违章		
49	对于设备部分停电的工作，工作负责人（监护人）在不具备条件的情况下参加检修工作，应属于行为违章	**国标《安规》（发电厂和变电站电气部分）** 5.4.2　工作负责人（监护人）： a）正确、安全地组织工作； b）确认工作票所列安全措施正确、完备，符合现场实际条件，必要时予以补充； c）工作前向工作班全体成员告知危险点，督促、监护工作班成员执行现场安全措施和技术措施	
50	同一变电站内在几个电气连接部分上依次进行的同一电压等级、不同类型的不停电工作，填用一张电气第二种工作票，应属于行为违章	**国标《安规》（发电厂和变电站电气部分）** 5.3.3　同一变电站（包括发电厂升压站和换流站，以下同）内在几个电气连接部分上依次进行的同一电压等级、同一类型的不停电工作，可填用一张电气第二种工作票	只有在工作目的、内容、要求和作业方法完全相同的工作，如测量温度、取油样等类型的工作方可填用一张电气第二种工作票

👤 第五节　防误闭锁装置违章

序号	违章内容	《安规》条文对照	防范措施
1	防误闭锁装置检修人员没有结合设备停电小修，对防误闭锁装置进行检查试验，应属于行为违章		（1）防误闭锁装置检修人员应结合设备停电小修，负责对防误闭锁装置电气闭锁回路进行检查试验。 　（2）防误闭锁装置检修人员应结合设备停电小修，负责对防误闭锁装置电气闭锁回路的辅助开关进行检查试验。 　（3）防误闭锁装置检修人员应结合设备停电小修，负责对防误闭锁装置的交、直流操作电源进行检查试验。 　（4）防误闭锁装置检修人员应结合设备停电小修，负责对防误闭锁装置的闭锁销进行检查试验。 　（5）防误闭锁装置检修人员应结合设备停电小修，负责对防误闭锁装置的程序机械锁进行检查试验。 　（6）防误闭锁装置检修人员应结合设备停电小修，负责对机械防误闭锁装置进行机械传动部分的检查试验。 　（7）防误闭锁装置检修人员应结合设备停电小修，负责对防误闭锁装置的电磁锁进行检查试验

续表

序号	违章内容	《安规》条文对照	防范措施
2	防误闭锁装置检修人员在对防误闭锁装置进行消缺时，不按照防误闭锁装置说明书要求进行，应属于行为违章		
3	防误闭锁装置检修人员在更换防误闭锁装置时，不按照防误闭锁装置说明书要求进行，应属于行为违章		
4	防误闭锁装置检修人员在安装电气防误闭锁装置时，由于工作失误造成防误闭锁装置出现异常，应属于行为违章		（1）电气闭锁是将断路器、隔离开关、接地刀闸等设备的辅助接点接入电气操作电源回路构成的闭锁。 （2）接入电气闭锁回路中的辅助接点应满足可靠通断的要求。 （3）接入电气闭锁回路中的辅助开关应满足响应一次设备状态转换的要求。 （4）电气接线应满足防止电气误操作的要求
5	防误闭锁装置检修人员在安装机械防误闭锁装置时，不按照防误闭锁装置说明书要求进行，应属于行为违章		
6	防误闭锁装置检修人员在对电气防误闭锁装置检修时，由于工作失误造成防误闭锁装置出现异常，应属于行为违章		

续表

序号	违章内容	《安规》条文对照	防范措施
7	防误闭锁装置检修人员在对机械防误闭锁装置检修时，不按照防误闭锁装置说明书要求进行，造成防误闭锁装置出现异常应属于行为违章		
8	防误闭锁装置检修人员没有对防误闭锁装置进行及时消缺，造成防误闭锁装置出现异常，应属于行为违章		
9	如果操作中防误闭锁装置出现异常，电气值班人员在没有查清原因的情况下就进行处理，导致使用防误闭锁装置损坏，应属于行为违章		
10	发电厂和变电站正常操作钥匙没有固定存放，使用时找不到，钥匙不齐全，应属于行为违章	**国标《安规》（发电厂和变电站电气部分）** 7.3.5.3 高压电气设备应具有防止误操作闭锁功能	（1）发电厂和变电站正常操作钥匙应存放在固定钥匙箱中。 （2）发电厂和变电站正常操作钥匙应完整，齐全。 （3）发电厂和变电站正常操作钥匙应分类放置在钥匙箱中。 （4）发电厂和变电站正常操作钥匙存放要与放置点编号相对应。 （5）发电厂和变电站正常操作钥匙要与备用钥匙分开放置。 （6）严禁发电厂和变电站正常操作钥匙与防误闭锁装置解锁钥匙放在一起

续表

序号	违章内容	《安规》条文对照	防范措施
11	发现运行中的防误闭锁装置存在缺陷时，发电厂和变电站电气值班人员未按缺陷管理制度进行汇报、登记、管理，应属于行为违章		
12	电气值班人员在巡视发电厂和变电站设备时没有检查带电显示装置显示是否正常，应属于行为违章		（1）电气值班人员在正常巡视中要对带电显示器进行检查，发现缺陷立即上报。 （2）电气值班人员在正常巡视检查或电气操作中，如果发现断路器在热备用或冷备用状态时，线路带电显示器却显示有电，则说明有倒送电可能，必须汇报调度并做好记录。 （3）如果发现带电显示器在操作前就发生故障，当线路停电检修时必将小车断路器拉到检修位置，用验电器验电确无电压后，再操作接地刀闸
13	电气值班人员定期对室外固定锁加油时，随意将运行中的防误闭锁装置固定锁具开启，应属于行为违章		（1）对于发电厂和变电站室外固定锁具每季由发电厂和变电站电气值班人员负责定期加油。 （2）电气值班人员定期对室外固定锁加油时，严禁随意开启闭锁或退出闭锁

续表

序号	违章内容	《安规》条文对照	防范措施
14	电气值班人员擅自将防误闭锁装置退出运行,应属于行为违章	**国标《安规》(发电厂和变电站电气部分)** 7.3.5.3　高压电气设备应具有防止误操作闭锁功能	(1) 当电气值班人员发现防误闭锁装置存在缺陷时,要按设备缺陷管理制度要求进行汇报、登记、管理,并督促消除。 (2) 当电气值班人员发现防误闭锁装置存在缺陷时,电气值班人员严禁自行处理,严禁私自将防误闭锁装置退出运行
15	电气值班人员在每次巡视发电厂和变电站设备时没有检查解锁钥匙箱是否装封,应属于行为违章		
16	因电气值班人员工作失误造成发电厂和变电站防误闭锁装置不能正常工作,应属于行为违章		
17	电气值班人员没有按照发电厂和变电站防误闭锁运行维护规定进行定期检查维护,造成防误闭锁装置挂锁锈蚀、卡涩且使用不灵活等现象发生应属于行为违章		(1) 每半年由电气值班负责人组织电气值班人员对防误闭锁装置室外挂锁的锈蚀部分进行清除,挂锁芯内加机油以保证机械部分灵活可靠不卡涩。 (2) 检查防误闭锁装置的闭锁关系正确。 (3) 检查防误闭锁装置闭锁编码的正确

续表

序号	违章内容	《安规》条文对照	防范措施
18	如果电气值班人员没有将电脑钥匙中当前状态信息返回给防误闭锁装置主机进行状态更新，应属于行为违章		微机防误闭锁装置现场操作是通过电脑钥匙实现的，电气值班人员操作完毕后，要将电脑钥匙中当前状态信息返回防误闭锁装置主机进行状态更新，以确保防误闭锁装置主机与现场设备状态的一致性
19	发电厂和变电站防误闭锁装置因人员安装不规范导致缺陷存在，应属于行为违章		（1）检修人员要根据防误闭锁安装工艺标准进行安装、调试工作，发电厂和变电站电气值班人员要按照防误闭锁装置验收标准进行认真验收，发现缺陷必须立即消除，杜绝防误闭锁装置带有缺陷投入运行。
20	发电厂和变电站防误闭锁装置安装后存在缺陷，验收人员验收时没有发现，应属于行为违章		（2）防误闭锁装置生产厂家须提供必要的闭锁装置及软件的培训，使发电厂和变电站电气值班人员和检修人员均能熟悉防误闭锁装置的安装、检修和运行规定。
21	发电厂和变电站防误闭锁装置运行中存在缺陷，电气值班人员操作和巡视设备时没有发现，应属于行为违章		（3）发电厂和变电站电气值班人员在巡视电气设备时要与防误闭锁装置一起巡视，当发现防误闭锁装置存在缺陷时，要按设备缺陷管理制度要求进行汇报、登记、管理，并督促消除。
22	电气值班人员没有对发电厂和变电站防误闭锁装置进行维护，造成防误闭锁装置出现异常，影响操作，应属于行为违章		（4）发电厂和变电站电气值班人员应做好防误闭锁装置的运行维护工作，确保机械编码锁具备防雨、防尘、防水、防冻、防腐蚀、抗冲击功能且无锈蚀、无卡涩、使用灵活状态

续表

序号	违章内容	《安规》条文对照	防范措施
23	电气操作过程中必须使用解锁钥匙解除闭锁装置时，在没有得到车间防误闭锁专责人同意的情况下就擅自使用解锁钥匙解除闭锁装置，应属于行为违章		（1）电气操作过程中必须使用解锁钥匙解除闭锁装置时，操作人员必须向当值运行值班负责人汇报，再汇报给车间防误闭锁专责人，必须经车间防误闭锁专责人到现场核实操作无误后，确认需要解锁操作的项目，批准解锁，监护完成解锁操作。（2）非防误闭锁专责人无权批准解锁。（3）严禁防误闭锁专责人不到现场核实、确认，而采用电话等方式批准解锁
24	在危及人身安全且确需解锁的紧急情况下，操作人员没有经当值运行值班负责人同意，就使用解锁钥匙解除闭锁操作，应属于行为违章	国标《安规》（发电厂和变电站电气部分） 7.3.5.3 高压电气设备应具有防止误操作闭锁功能	在危及人身安全且确需解锁的紧急情况下，操作人员必须经当值运行值班负责人同意，同时经过运行值班负责人复核无误后使用解锁钥匙解除闭锁操作
25	在危及电网安全且确需解锁的紧急情况下，操作人员没有经当值运行值班负责人同意，就使用解锁钥匙解除闭锁操作，应属于行为违章		在危及电网安全且确需解锁的紧急情况下，操作人员必须经当值运行值班负责人同意，同时经过运行值班负责人复核无误后使用解锁钥匙解除闭锁操作
26	在危及发电厂和变电站设备安全且确需解锁的紧急情况下，操作人员没有经当值运行值班负责人同意，就使用解锁钥匙解除闭锁操作，应属于行为违章		在危及发电厂和变电站设备安全且确需解锁的紧急情况下，操作人员必须经当值运行值班负责人同意，同时经过运行值班负责人复核无误后使用解锁钥匙解除闭锁操作

续表

序号	违章内容	《安规》条文对照	防范措施
27	如果检修人员没有在工作许可人的监护下私自开启闭锁装置，应属于行为违章	**国标《安规》（发电厂和变电站电气部分）** 7.3.5.3 高压电气设备应具有防止误操作闭锁功能	在发电厂和变电站设备验收期间须使用解锁钥匙时，工作许可人应持工作票向车间防误闭锁专责人汇报"××工作票上××设备验收确需使用解锁钥匙"，必须经车间防误闭锁专责人到现场核实操作无误后，确认需要解锁操作的项目，批准解锁，监护完成解锁操作。检修人员在工作许可人的监护下开启闭锁装置
28	解锁钥匙使用完后，没有交给车间防误闭锁专责人进行封装和记录，应属于行为违章		
29	操作人随意进行解锁操作，应属于行为违章	**国标《安规》（发电厂和变电站电气部分）** 7.3.5.3 高压电气设备应具有防止误操作闭锁功能	（1）操作人使用解锁钥匙解除闭锁装置前，操作人员必须向当值运行值班负责人汇报，再汇报给车间防误闭锁专责人，必须经车间防误闭锁专责人到现场核实操作无误后，确认需要解锁操作的项目，批准解锁，监护完成解锁操作。 （2）在操作过程中使用解锁钥匙开锁前，操作人、监护人、防误闭锁专责人必须全部达到操作现场，三人面向被操作设备的名称、标示牌，由监护人按照操作票顺序找到未打"√"项高声唱票，操作人高声复诵无误后，防误闭锁专责人核对无误后，监护人发出"对，执行"操作口令，操作人方可用解锁钥匙开锁

99

序号	违章内容	《安规》条文对照	防范措施
30	微机闭锁运行中，使用电脑钥匙取程序方法对检修设备进行闭锁开启，应属于行为违章		
31	解锁钥匙（工具）没有放置在专用钥匙箱内，应属于行为违章		
32	解锁钥匙（工具）箱内没有标明解锁钥匙的具体设备名称、编号，应属于行为违章		

第六节 带电作业违章

序号	违章内容	《安规》条文对照	防范措施
1	由不具备带电作业资格的人员担任带电作业工作票签发人，应属于行为违章		（1）带电作业工作票签发人应由带电作业经验丰富的人员担任。
2	由不具备带电作业资格的人员担任带电作业工作负责人，应属于行为违章		（2）带电作业工作票签发人应由具有带电作业上岗资格的人员担任。
3	由不具备带电作业资格的人员担任带电作业专责监护人员，应属于行为违章		（3）带电作业工作票签发人必须由经过《安规》考试合格的人员担任

序号	违章内容	《安规》条文对照	防范措施
4	在填写带电作业工作票中"工作条件"栏内容时，如果没有明确填写地电位、中间电位、等电位等作业，应属于行为违章		在填写带电作业工作票中"工作条件"栏内容时，要将等电位作业、中间电位作业、地电位作业填写其中
5	在填写带电作业工作票中"注意事项（安全措施）"栏内容时，忘记填写应采取的绝缘隔离等安全措施和注意事项、忘记填写退出重合闸装置，应属于行为违章		（1）在填写带电作业工作票中"注意事项（安全措施）"栏内容时，应该填写应采取的绝缘隔离等安全措施和注意事项。 （2）在填写带电作业工作票中"注意事项（安全措施）"栏内容时，根据现场工作情况应该退出重合闸装置的，要在"注意事项（安全措施）"栏内填写退出重合闸装置
6	在复杂区域及杆塔作业时，增设的专责监护人员的监护范围超过一个作业点，应属于行为违章	**国标《安规》（发电厂和变电站电气部分）** 9.1.3　带电作业应设专责监护人。复杂作业时，应增设监护人……	（1）带电作业应设专责监护人。 （2）在带电作业工作中，监护人不得直接操作。 （3）在带电作业工作监护中，专责监护人员的监护范围不准超过一个作业点。 （4）在复杂区域及杆塔作业时，根据现场工作环境，需要增设监护人员时，应在现场增设监护人

续表

序号	违章内容	《安规》条文对照	防范措施
7	带电作业中，有可能引起交流单相接地、相间短路的线路没有停用重合闸，有可能引起直流线路单极接地或极间短路的没有停用直流再启动保护，应属于行为违章	**国标《安规》（发电厂和变电站电气部分）** 9.1.5 带电作业有下列情况之一者，应停用重合闸或直流再启动装置，并不应强送电： a) 中性点有效接地系统中可能引起单相接地的作业； b) 中性点非有效接地系统中可能引起相间短路的作业； c) 直流线路中可能引起单极接地或极间短路的作业； d) 不应约时停用或恢复重合闸及直流再启动装置	（1）对于中性点有效接地的系统中有可能引起单相接地的作业，应停用重合闸，并不准强送电。 （2）对于中性点非有效接地的系统中有可能引起相间短路的作业，应停用重合闸，并不准强送电。 （3）对于直流线路中有可能引起单极接地或极间短路的作业，应停用直流再启动保护，并不准强送电。 （4）禁止约时停用或恢复重合闸或直流再启动保护
8	带电作业工作负责人在带电作业工作开始前，没有与值班调度员联系，没有履行值班调度员工作许可手续的，应属于行为违章		（1）带电作业工作负责人在带电作业工作开始前，应与值班调度员联系。 （2）需要线路停用重合闸应由值班调度员履行许可手续。 （3）需要直流线路再启动保护的作业应由值班调度员履行许可手续。 （4）需要带电断、接引线的作业应由值班调度员履行许可手续

续表

序号	违章内容	《安规》条文对照	防范措施
9	带电作业结束后，工作负责人应及时向值班调度员汇报，如果没有汇报，应属于行为违章		
10	在带电作业过程中如果设备突然停电，如果工作人员不按设备带电对待，值班调度员没有与工作负责人取得联系就强送电，应属于行为违章	国标《安规》（发电厂和变电站电气部分） 9.1.6　在带电作业过程中如设备突然停电，应视设备仍然带电，工作负责人应及时与线路运行维护单位或调度联系。线路运行维护单位或值班调度员未与工作负责人取得联系前不应强送电	（1）在带电作业过程中如果设备突然停电，工作人员应视设备仍然带电。 （2）在带电作业过程中如果设备突然停电，工作负责人应尽快与值班调度员联系。 （3）在带电作业过程中如果设备突然停电，工作负责人应尽快与线路运行维护单位或调度联系，询问线路停电原因。 （4）值班调度员未与工作负责人取得联系前不准强送电。 （5）在带电作业过程中如果设备突然停电，工作人员应停止带电作业
11	带电作业工作票随意办理延期手续，应属于行为违章	国标《安规》（发电厂和变电站电气部分） 5.3.12　电气第一种工作票、电气第二种工作票和电气带电作业工作票的有效时间，以批准的检修计划工作时间为限，延期应办理手续	带电作业对天气条件、环境和安全措施执行要求较高，因此带电作业工作票不宜延期

续表

序号	违章内容	《安规》条文对照	防范措施
12	在带电作业中，带电工作人员不按照有关规定穿着带电作业服装，应属于行为违章		
13	在绝缘斗臂车使用前，如果不对绝缘斗臂车进行全面检查、试验就载人作业，应属于行为违章		（1）在绝缘斗臂车使用前，要有专人对绝缘斗臂车进行检查、试验，合格后方能进行载人作业。 （2）高架绝缘斗臂车的工作位置应选择适当，支撑应稳固可靠，并有防倾覆措施。 （3）使用前应在预定位置空斗试操作一次，确认液压传动、回转、升降、伸缩系统工作正常、操作灵活，制动装置可靠
14	在带电作业中，由于人为原因造成绝缘斗臂车发动机熄火，工作人员不能正确使用安全带和绝缘工具，不服从工作负责人指挥均属于行为违章		（1）操作人员应熟悉带电作业的有关规定，并经专门培训，考试合格、持证上岗。 （2）在带电作业中，绝缘斗臂车工作过程中，高架绝缘斗臂车的发动机不准熄火。 （3）绝缘斗中的工作人员应正确使用安全带和绝缘工具。 （4）高架绝缘斗臂车操作人员应服从工作负责人的指挥。 （5）高架绝缘斗臂车操作人员作业时应注意周围环境及操作速度。 （6）接近和离开带电部位时，应由斗臂中人员操作，此时操作人员不准离开操作台

续表

序号	违章内容	《安规》条文对照	防范措施
15	在带电作业中，带电工作人员不具备带电作业资格就进行带电作业，应属于行为违章		（1）参加带电作业的人员，应经专门培训，并经考试合格取得资格，单位书面批准后，方能参加相应的作业。 （2）参加带电作业的人员，应熟悉带电作业的有关规定，并经专门培训，考试合格、持证上岗
16	等电位工作人员在电位转移前，应得到工作负责人的许可，如果工作人员没有得到工作负责人的许可就进行电位转移，应属于行为违章		
17	工作人员在架空接地线上悬挂梯子、飞车进行等电位作业前，没有检查本档两端杆塔处架空接地线的紧固情况就开始悬挂，应属于行为违章		
18	工作人员现场勘察内容不全就确定进行带电作业，应属于行为违章	国标《安规》（发电厂和变电站电气部分） 9.1.4　线路运行维护单位或工作负责人认为有必要时，应组织到现场勘察，根据勘察结果判断能否进行带电作业，并确定作业方法、所需工具，以及应采取的措施	工作票签发人或工作负责人任何一方认为有必要时，应组织有经验的安全、技术人员进行现场勘察。勘察的内容包括：作业环境、作业场地、安全距离等是否能满足带电作业的安全要求，周围邻近或交叉跨越的带电线路、其他弱电线路及建筑物等，杆塔型号、导（地）线型号、绝缘子片数、金具连接等实际情况是否与图纸相符等。根据勘察结果作出能否进行带电作业的判断，编制相应作业方案，确定作业方式和所需的工具以及应采取的措施

105

序号	违章内容	《安规》条文对照	防范措施
19	工作人员在带电断、接空载线路时，没有戴护目镜、没有采取消弧措施，应属于行为违章	**国标《安规》（发电厂和变电站电气部分）** 9.2.8 带电断、接空负荷线路，工作人员应戴护目眼镜，并采取消弧措施，不应带负荷断、接引线。不应同时接触未接通的或已断开的导线两个断头。短接设备时，应核对相位，闭锁跳闸机构，短接线应满足短接设备最大负荷电流的要求，防止人体短接设备	（1）工作人员在带电断、接空载线路时，应戴护目镜。 （2）工作人员在带电断、接空载线路时，应采取消弧措施。 （3）工作人员在带电断、接空载线路时，应戴绝缘手套。 （4）工作人员在带电断、接空载线路时，应穿绝缘靴。 （5）工作人员在带电断、接空载线路时，必须要有监护人现场监护。 （6）工作人员在带电断、接空载线路时，如果不戴绝缘手套、不穿绝缘靴、不戴护目镜、不采取消弧措施，工作负责人必须现场制止。 （7）在断、接空负荷线路时，工作人员应根据线路电压等级、长短及其电容电流选择相适应的消弧工具。如使用消弧绳，则其断、接的空负荷线路的长度不应大于有关规定，且工作人员与断开点应保持4m以上的距离，以免危及工作人员人身安全

续表

序号	违章内容	《安规》条文对照	防范措施
20	工作人员在进行带电断、接电气设备的引线时，必须采取防止引流线摆动的措施		（1）工作人员在进行带电断、接耦合电容器的引线时，必须采取防止引流线摆动的措施。 （2）工作人员在进行带电断、接空载线路时，必须采取防止引流线摆动的措施。 （3）工作人员在进行带电断、接避雷器的引线时，必须采取防止引流线摆动的措施。 （4）工作人员在进行带电断、接隔离开关的引线时，必须采取防止引流线摆动的措施。 （5）工作人员在进行带电断、接阻波器的引线时，必须采取防止引流线摆动的措施。 （6）工作人员在进行带电断、接断路器的引线时，必须采取防止引流线摆动的措施
21	工作人员带电断、接耦合电容器时，没有将被断开的电容器立即对地放电，应属于行为违章		
22	工作人员在带电断、接空载线路时，没有确认线路的另一端断路器（开关）和隔离开关（刀闸）确已断开就进行作业，应属于行为违章		

续表

序号	违章内容	《安规》条文对照	防范措施
23	工作人员在带电断、接空载线路时，没有确认接入线路侧的变压器、电压互感器确已退出运行就进行作业，应属于行为违章		
24	等电位作业，工作人员在没有得到工作负责人的许可情况下就进行电位转移，应属于行为违章	国标《安规》（发电厂和变电站电气部分） 9.2.3 等电位工作人员在电位转移前，应得到工作负责人的许可。750kV和1000kV等电位作业，应使用电位转移棒进行电位转移	（1）工作人员在接触新地点的带电体的瞬间，通过屏蔽服充、放电，使电位达到平衡，这个过程称为电位转移。 （2）等电位工作人员在电位转移前，应得到工作负责人的许可。 （3）作业人员在工作期间，工作负责人要始终加强监护，检查等电位人员的各项安全距离是否符合规定。 （4）在确认无异常情况后，工作负责人方可下令等电位人员进行电位转移。 （5）750kV和1000kV等电位作业，等电位工作人员进行电位转移时，电位转移棒应与屏蔽服装电气连接，进行电位转移时，动作应平稳、准确、快速
25	工作人员用分流线短接断路器（开关）、隔离开关（刀闸）、跌落式熔断器等载流设备时，分流线没有支撑好，造成摆动，应属于行为违章		

续表

序号	违章内容	《安规》条文对照	防范措施
26	工作人员用分流线短接断路器（开关）、隔离开关（刀闸）、跌落式熔断器等载流设备时，线夹接触不牢固，应属于行为违章		（1）工作人员用分流线短接断路器（开关）载流设备时，线夹接触必须牢固可靠。 （2）工作人员用分流线短接隔离开关（刀闸）载流设备时，线夹接触必须牢固可靠。 （3）工作人员用分流线短接跌落式熔断器等载流设备时，线夹接触必须牢固可靠
27	对带电设备进行水冲洗时，操作人员不戴绝缘手套、不穿绝缘靴，应属于行为违章	国标《安规》（发电厂和变电站电气部分） 9.2.9　绝缘子表面采取带电水冲洗或进行机械方式清扫时，应遵守相应技术导则的规定	（1）对带电设备进行水冲洗时，操作人员应戴绝缘手套。 （2）对带电设备进行水冲洗时，操作人员应穿绝缘靴。 （3）对带电设备进行水冲洗时，操作人员必须要有监护人现场监护。 （4）对带电设备进行水冲洗时，操作人员不戴绝缘手套、不穿绝缘靴，工作负责人必须现场制止，对于不戴绝缘手套、不穿绝缘靴的操作人员禁止其带电作业
28	在恶劣天气时进行带电作业，应属于行为违章	国标《安规》（发电厂和变电站电气部分） 9.1.2　带电作业应在良好天气下进行。如遇雷电（听见雷声、看见闪电）、雪、雹、雨、雾等，不应进行带电作业。风力大于5级，或湿度大于80%时，不宜进行带电作业	（1）带电作业一般应在良好天气下进行，在阵风5级时应停止露天高处作业，大风使高处工作人员的平衡性大大降低，容易造成高处坠落；大风使杆塔上工作人员不易控制作业工具，难以保证安全距离，因此，不宜进行带电作业。 （2）带电作业一般应在良好天气下进行，当湿度大于80%时，绝缘工具的绝缘强度下降较为明显，

续表

序号	违章内容	《安规》条文对照	防范措施
28	在恶劣天气时进行带电作业，应属于行为违章	**国标《安规》（发电厂和变电站电气部分）** 9.1.2 带电作业应在良好天气下进行。如遇雷电（听见雷声、看见闪电）、雪、雹、雨、雾等，不应进行带电作业。风力大于5级，或湿度大于80%时，不宜进行带电作业	放电电压降低，泄漏电流增大，易引起发热甚至冒烟着火，因此不宜进行带电作业。 　（3）带电作业一般应在良好天气时进行，当气温低于−3℃时不得进行带电作业。 　（4）带电作业一般应在良好天气时进行，当遇有雨、雪、雾、雷电等天气不得进行带电作业。 　（5）带电作业一般应在良好天气时进行，当遇有沙尘暴天气时不得进行带电作业
29	带电作业虽设专责监护人，但遇到复杂作业时，没有增设监护人应属于行为违章	**国标《安规》（发电厂和变电站电气部分）** 9.1.3 带电作业应设专责监护人。复杂作业时，应增设监护人	（1）在复杂区域及杆塔作业时，因需控制的环节较多，以及地面很难准确判断杆塔上的安全距离，特别是比较紧凑的杆塔或需顾及较多项安全距离的作业，需增设监护人。 　（2）在高杆塔作业时，地面人员不易看清工作人员的行为、对工作人员与带电体的安全距离不能进行有效的控制，应增设塔上监护人
30	工作人员在进行带电水冲洗前，没有将水冲洗用水泵进行良好接地，应属于行为违章	**国标《安规》（发电厂和变电站电气部分）** 9.2.9 绝缘子表面采取带电水冲洗或进行机械方式清扫时，应遵守相应技术导则的规定	

续表

序号	违章内容	《安规》条文对照	防范措施
31	带电水冲洗前，工作人员没有确知设备绝缘良好就进行带电水冲洗，应属于行为违章	**国标《安规》(发电厂和变电站电气部分)** 9.2.9 绝缘子表面采取带电水冲洗或进行机械方式清扫时，应遵守相应技术导则的规定	
32	对带有零值及低值绝缘子的带电设备进行水冲洗，应属于行为违章		
33	带电设备的瓷质部分有裂纹时，工作人员仍对设备进行带电水冲洗，应属于行为违章		
34	冲洗悬垂、耐张绝缘子串、瓷横担时，从横担侧向导线侧，应属于行为违章		(1) 冲洗悬垂时，应从导线侧向横担侧依次冲洗。 (2) 冲洗耐张绝缘子串时，应从导线侧向横担侧依次冲洗。 (3) 冲洗瓷横担时，应从导线侧向横担侧依次冲洗
35	冲洗绝缘子时，工作人员不注意风向，不按照上下顺序进行冲洗，应属于行为违章		(1) 冲洗支柱绝缘子及绝缘瓷套时，工作人员应从下向上冲洗。 (2) 冲洗绝缘子时，应注意风向，工作人员应先冲下风侧，后冲上风侧。 (3) 冲洗上、下层布置的绝缘子，工作人员应先冲下层，后冲上层

续表

序号	违章内容	《安规》条文对照	防范措施
36	在 66kV 以下电压等级的电气设备和电力线路上进行等电位作业，应属于行为违章	**国标《安规》（发电厂和变电站电气部分）** 9.2.1　等电位作业一般在 66kV、±125kV 及以上电压等级的线路和电气设备上进行	
37	工器具未采取绝缘安全防护措施，就对低压设备进行带电作业工作，应属于行为违章		
38	工作人员在进行带电清扫时操作不当，或没有戴口罩、没有戴护目镜，没有站在上风侧位置作业，均属于行为违章	**国标《安规》（发电厂和变电站电气部分）** 9.2.9　绝缘子表面采取带电水冲洗或进行机械方式清扫时，应遵守相应技术导则的规定	（1）工作人员在进行带电清扫时，应站在上风侧位置作业。 （2）工作人员在进行带电清扫时，应戴口罩。 （3）工作人员在进行带电清扫时，应戴护目镜。 （4）工作人员在进行带电清扫作业时，工作人员的双手要握持绝缘杆保护环以下部位。 （5）工作人员在进行带电清扫作业时，使用的带电清扫绝缘部件必须达到清洁和干燥要求
39	工作人员在进行带电作业过程中摘下绝缘防护用具，应属于行为违章		

续表

序号	违章内容	《安规》条文对照	防范措施
40	对于低压不停电工作，工作人员穿着不符合安全规定，应属于行为违章	**国标《安规》（发电厂和变电站电气部分）** 12.3　低压不停电工作，应站在干燥的绝缘物上，使用有绝缘柄的工具，穿绝缘鞋和全棉长袖工作服，戴手套和护目镜	（1）在进行低压带电作业时，工作人员必须穿绝缘鞋，方能开始工作。 （2）在进行低压带电作业时，工作人员必须穿全棉长袖工作服，方能开始工作。 （3）在进行低压带电作业时，工作人员必须戴手套，方能开始工作。 （4）在进行低压带电作业时，工作人员必须戴安全帽，方能开始工作。 （5）在进行低压带电作业时，工作人员必须戴护目镜，方能开始工作。 （6）在进行低压带电作业时，工作人员必须站在干燥的绝缘物上进行
41	工作人员使用金属工器具进行低压带电作业，应属于行为违章		（1）在进行低压带电作业时，严禁工作人员使用锉刀进行低压带电作业。 （2）在进行低压带电作业时，严禁工作人员使用带有金属物的毛掸进行作业。 （3）在进行低压带电作业时，严禁工作人员使用金属尺进行低压带电作业。 （4）在进行低压带电作业时，严禁工作人员使用带有金属物的毛刷进行作业。 （5）在进行低压带电作业时，工作人员如果使用带有绝缘柄的工具，但其外裸的导电部位必须采取绝缘措施

续表

序号	违章内容	《安规》条文对照	防范措施
42	低压回路停电工作时，对于邻近有电回路和设备没有加装绝缘隔板就开始工作，应属于行为违章	**国标《安规》（发电厂和变电站电气部分）** 12.2 低压回路停电工作的安全措施： b）邻近的有电回路、设备加装绝缘隔板或绝缘材料包扎等措施	
43	工作人员在进行低压带电作业时，人体同时接触两根线头，应属于行为违章		
44	带电断开低压配电盘中的电压表和电能表的电压回路时没有采取防止短路或接地的措施，应属于行为违章		
45	进行低压间接带电作业时，作业范围内的电气回路的剩余电流动作保护器没有投入运行，应属于行为违章		
46	等电位工作人员与地电位工作人员没有使用绝缘绳索进行工具和材料的传递，应属于行为违章	**国标《安规》（发电厂和变电站电气部分）** 9.2.6 等电位工作人员与地电位工作人员应使用绝缘工具或绝缘绳索进行工具和材料的传递	

第七节　安全防护及工器具使用违章

序号	违章内容	《安规》条文对照	防范措施
1	接地线虽是多股软铜线，但其截面小于 25mm² ，且长度不满足工作现场需要，应属于行为违章	**国标《安规》（发电厂和变电站电气部分）** 6.4.8　成套接地线应由有透明护套的多股软铜线和专用线夹组成，接地线截面不应小于 25mm² ，并应满足装设地点短路电流的要求	（1）由发电厂和变电站安全员在设备停电检修前组织电气值班人员对接地线进行检查维护，检查接地线是否完整足够有无损伤。 （2）如果接地线有损伤且无法修复时，应尽快汇报运行车间加以补充完善。 （3）接地线应用多股软铜线，其截面应符合短路电流的要求，但不得小于 25mm² ，长度应满足工作现场需要，同时应满足装设地点短路电流的要求；接地线必须有透明绝缘外护层，护层厚度大于 1mm 。 （4）车间安全员按照接地线的试验周期规定，安排工作人员到指定部门进行接地线的试验。 （5）接地线经试验合格后，必须及时贴上"试验合格证"标签。 （6）接地线要有试验报告，一份交使用单位存档，一份由试验单位存档，试验报告保存两个试验周期。 （7）使用中或新购置的接地线必须试验合格。 （8）未经试验及超试验周期的接地线禁止使用。 （9）接地线使用前应检查接地线无毛刺、卡子无锈蚀、无损坏。 （10）接地线应设专人管理，定期检查接地线是否有断股散股，接地线夹是否松动、损坏等并有记录

续表

序号	违章内容	《安规》条文对照	防范措施
2	工作人员使用没有标志的安全帽，应属于行为违章		使用的安全帽必须具备生产许可证编号，生产检验证，生产合格证，制造厂名称，制造的商标，制造的型号，制造的时间
3	工作人员使用不合格的安全帽，应属于行为违章		(1) 安全帽经试验合格后，必须及时贴上"试验合格证"标签； (2) 安全帽要有试验报告，一份交使用单位存档，一份由试验单位存档，试验报告保存两个试验周期； (3) 使用中或新购置的安全帽必须试验合格； (4) 未经试验及超试验周期的安全帽禁止使用； (5) 安全帽使用前应检查是否有裂纹、损坏； (6) 安全帽使用前，应检查帽壳、帽衬、帽箍、顶衬、下颏带完好无损； (7) 安全帽使用时，工作人员应将下颏带系好，防止工作中前倾后仰或其他原因造成滑落
4	工作人员使用损坏的安全带，应属于行为违章		(1) 使用前应检查安全带、安全扣、安全环、安全绳是否完整，无破损，扣环牢固可靠； (2) 车间安全员按照安全带、绳的试验周期规定，安排工作人员到指定部门进行安全带、绳的试验； (3) 安全带、绳经试验合格后，必须及时贴上"试验合格证"标签；

序号	违章内容	《安规》条文对照	防范措施
4	工作人员使用损坏的安全带，应属于行为违章		（4）安全带、绳要有试验报告，一份交使用单位存档，一份由试验单位存档，试验报告保存两个试验周期； （5）使用中或新购置的安全带、绳必须试验合格； （6）未经试验及超试验周期的安全带、绳禁止使用
5	绝缘靴已经损坏仍在使用，应属于行为违章		绝缘靴使用前工作人员应检查绝缘靴不得有外伤、不得有裂纹、不得有漏洞、不得有气泡、不得有毛刺、不得有划痕等缺陷。如发现有缺陷，应立即停止使用并及时更换
6	绝缘手套已经损坏仍在使用，应属于行为违章		绝缘手套在使用前，工作人员应进行外观检查。如发现有粘连、有裂纹、有破口、有漏气、有气泡、有发脆、有霉变、有受潮现象时禁止使用
7	工作人员使用损坏的验电器，应属于行为违章		（1）车间安全员按照验电器的试验周期规定，安排工作人员到指定部门进行验电器的试验； （2）验电器经试验合格后，必须及时贴上"试验合格证"标签； （3）验电器要有试验报告，一份交使用单位存档，一份由试验单位存档，试验报告保存两个试验周期； （4）使用中或新购置的验电器必须试验合格； （5）未经试验及超试验周期的验电器禁止使用； （6）验电器使用中要保证最短有效绝缘长度

续表

序号	违章内容	《安规》条文对照	防范措施
8	工作人员不正确使用梯子，应属于行为违章	**国标《安规》（发电厂和变电站电气部分）** 16.2 在变电站户外和高压室内搬动梯子、管子等长物，应放倒后搬运，并与带电部分保持足够的安全距离。 16.4 在变电站的带电区域内或临近带电线路处，不应使用金属梯子	（1）梯子在使用前，工作人员应先进行试登，确认可靠后方可使用。 （2）工作人员登梯前应将梯子应放置稳固，梯脚要有防滑装置。 （3）梯子与地面的夹角应为65°左右，工作人员应在距梯顶不少于2档的梯蹬上工作，且符合限高要求。 （4）当使用梯子靠在管子上或导线上时，梯子上端要用挂钩挂住或用绳索绑牢。 （5）工作人员应检查人字梯有坚固的铰链和限制开度的拉链。 （6）工作人员在梯子上工作时，梯子下方应有专人扶持和监护。 （7）严禁工作人员在梯子上工作时移动梯子。严禁工作人员在梯子上向下抛递工具、材料。梯子不宜绑接使用。 （8）工作人员搬动梯子时，应将梯子平放两人搬运，并与带电设备保持安全距离。 （9）工作人员在通道上使用梯子时，应设专人监护或设置临时围栏。梯子不准放在门前使用，必要时应采取防止门突然开启的安全措施。 （10）在发电厂和变电站高压设备区或高压室内工作时，禁止使用金属梯子，必须使用绝缘材料的梯子

续表

序号	违章内容	《安规》条文对照	防范措施
9	工作人员使用脚扣不正确，应属于行为违章		（1）脚扣使用前，工作人员应检查金属材料及焊接部分无断裂、无锈蚀、无变形现象； （2）脚扣使用前，工作人员应检查脚扣金属部分无变形，销钉、帽齐全； （3）脚扣使用前，工作人员应检查脚扣的橡胶防滑块（套）完好，无破损，固定螺丝不能露出橡胶垫； （4）脚扣使用前，工作人员应检查脚扣的皮带完好，无腐蚀、无撕裂； （5）脚扣使用前，工作人员应检查脚扣小爪连接牢固，活动灵活
10	工作人员装卸高压熔断器，没有站在绝缘物或绝缘台上，应属于行为违章	**国标《安规》（发电厂和变电站电气部分）** 7.3.6.6 装卸高压熔断器，应戴护目眼镜和绝缘手套，必要时使用绝缘夹钳，并站在绝缘物或绝缘台上	为确保装卸高压熔断器工作人员的安全，作业时，应戴护目眼镜和绝缘手套，防止电弧灼伤、触电事故，如对负荷较大或离运行设备较近回路上装卸高压熔断器时，应使用绝缘夹钳，并站在绝缘垫或绝缘台上
11	工作人员在变电站的带电区域内或临近带电线路处，使用金属梯子，应属于行为违章	**国标《安规》（发电厂和变电站电气部分）** 16.2 在变电站户外和高压室内搬动梯子、管子等长物，应放倒后搬运，并与带电部分保持足够的安全距离。 16.4 在变电站的带电区域内或临近带电线路处，不应使用金属梯子	（1）车间安全员负责本单位梯子的提报配置计划、领用梯子、发放梯子，完成梯子的建档建卡等工作。 （2）对不合格的梯子由车间安全员负责报废、销毁并做好记录更改，做到账、卡、物相符。 （3）登梯前在工作人员应检查梯子应坚固完整，梯子的支柱应能承受工作人员携带工具、材料攀登时的总质量。

续表

序号	违章内容	《安规》条文对照	防范措施
11	工作人员在变电站的带电区域内或临近带电线路处，使用金属梯子，应属于行为违章	**国标《安规》（发电厂和变电站电气部分）** 16.2 在变电站户外和高压室内搬动梯子、管子等长物，应放倒后搬运，并与带电部分保持足够的安全距离。 16.4 在变电站的带电区域内或临近带电线路处，不应使用金属梯子	（4）工作人员在发电厂和变电站内搬运梯子，应放倒两人搬运。 （5）工作人员在发电厂和变电站带电设备区内禁止使用金属梯子。 （6）工作人员在发电厂和变电站内使用梯子要一人扶梯子，一人登梯子。 （7）雨雪天气，工作人员在发电厂和变电站内使用的梯子要采取防滑措施。 （8）梯子使用完后，应放在固定地点，保持干燥和清洁，不得与油质物品杂放；梯子的存放位置编号与梯子本身编号一致，放置整齐，妥善保管，梯子实行定置管理。 （9）工作人员每月对梯子进行一次检查，发现有损伤者禁止使用。 （10）班组应建立梯子管理台账、记录，做到账、卡、物相符，试验报告、检查记录齐全
12	操作人员操作没有戴绝缘手套，应属于行为违章	**国标《安规》（发电厂和变电站电气部分）** 6.3.2 高压验电应戴绝缘手套。 7.3.6.4 用绝缘棒拉合隔离开关、高压熔断器，或经传动机构拉合断路器和隔离开关，均应戴绝缘手套	（1）操作人员在进行设备验电工作时应戴绝缘手套。 （2）操作人员在进行电气操作时应戴绝缘手套。 （3）操作人员在进行装拆接地线工作时应戴绝缘手套。 （4）操作人员使用绝缘手套时应将上衣袖口套入手套筒内。 （5）绝缘手套在使用前，操作人员应进行外观检查。如发现有发黏、裂纹、破口（漏气）、气泡、发脆等现象时禁止使用。 （6）操作人员使用的绝缘手套不超试验周期

续表

序号	违章内容	《安规》条文对照	防范措施
13	工作人员使用损坏的绝缘靴,应属于行为违章		(1) 绝缘靴使用前工作人员应检查绝缘靴不得有外伤,无裂纹、无漏洞、无气泡、无毛刺、无划痕等缺陷。如发现有缺陷,应立即停止使用并及时更换。 (2) 运行人员在雨天巡视电气设备时应穿绝缘靴。 (3) 使用绝缘靴时,应将裤管套入靴筒内。 (4) 绝缘靴使用时要避免接触尖锐的物体,防止受到损伤。 (5) 绝缘靴使用时避免接触高温或腐蚀性物质。 (6) 严禁将绝缘靴挪作他用。 (7) 使用的绝缘靴不超试验周期
14	工作人员使用损坏的绝缘杆,应属于行为违章		(1) 工作人员使用绝缘杆前,应检查绝缘杆及接头,如发现有破损,应禁止使用。 (2) 工作人员使用绝缘杆时人体应与带电设备保持足够的安全距离,并注意防止绝缘杆被人体或设备短接,以保持有效的绝缘长度。 (3) 雨天工作人员在户外操作电气设备时,操作杆的绝缘部分应加装防雨罩。绝缘罩的上口与绝缘部分紧密结合,无渗漏现象。 (4) 绝缘杆的工频耐压试验周期为1年

续表

序号	违章内容	《安规》条文对照	防范措施
15	工作人员使用绝缘罩及绝缘隔板不正确，应属于行为违章		（1）绝缘隔板只允许在35kV及以下电压等级的电气设备上使用，并应有足够的绝缘和机械强度。 （2）当绝缘隔板用于10kV电压等级时，其厚度不应小于3mm，用于35kV电压等级时，其厚度不应小于4mm。 （3）现场带电安放使用的接地线不超试验周期，工作人员应戴绝缘手套。 （4）绝缘隔板在放置和使用中要防止脱落措施，必要时可用绝缘绳索将其固定。 （5）工作人员在使用绝缘隔板前，应检查绝缘隔板和绝缘罩表面洁净、端面没有分层或开裂。 （6）工作人员在使用绝缘罩前，应检查绝缘罩内外是否整洁，应无裂纹或损伤。 （7）使用的绝缘罩及绝缘隔板不超试验周期
16	工作人员使用不合格的绝缘工器具、登高工器具，应属于行为违章		
17	在绝缘架空接地线上作业，没有使用接地线或个人保安线将其可靠接地，应属于行为违章	**国标《安规》（发电厂和变电站电气部分）** 9.3.2 绝缘架空接地线应视为带电体。在绝缘架空接地线附近作业时，工作人员与绝缘架空接地线之间的距离应不小于0.4m（1000kV为0.6m）。若需在绝缘架空接地线上作业，应用接地线或个人保安线将其可靠接地或采用等电位方式进行	

续表

序号	违章内容	《安规》条文对照	防范措施
18	用绝缘绳索传递大件金属物品时，杆塔或地面上工作人员没有将金属物品接地再接触，应属于行为违章	**国标《安规》（发电厂和变电站电气部分）** 9.3.3 用绝缘绳索传递大件金属物品（包括工具、材料等）时，杆塔或地面上工作人员应将金属物品接地后再接触	
19	工作人员在发电厂和变电站带电设备附近使用非绝缘尺进行测量工作，应属于行为违章		（1）禁止工作人员在发电厂和变电站带电设备附近使用钢卷尺进行测量工作。 （2）禁止工作人员在发电厂和变电站带电设备附近使用带有金属线的皮卷尺进行测量工作。 （3）禁止工作人员在发电厂和变电站带电设备附近使用带有金属线的线尺进行测量工作
20	工作人员在夜间作业时，工作现场照明不能满足作业要求，应属于行为违章		
21	工作人员在进行电焊工作时，穿戴不规范，应属于行为违章		（1）工作人员在进行气焊工作时，应穿工作服。 （2）工作人员在进行气焊工作时，应戴工作手套。 （3）工作人员在进行气焊工作时，应戴护目镜
22	工作人员在进行气焊工作时，穿戴不规范，应属于行为违章		

续表

序号	违章内容	《安规》条文对照	防范措施
23	工作人员在不断开电源的电焊设备上进行工作，应属于行为违章		
24	接地线摆放错误没有对号入座，影响正常操作，应属于行为违章		
25	工作人员不能正确使用安全工器具，造成安全工器具损坏，应属于行为违章		工作人员在使用安全工器具前应认真学习安全工器具出厂说明书要求，按照安全工器具出厂说明书要求进行使用
26	使用的带电作业工具绝缘不合格，应属于行为违章		
27	使用的电动工具金属外壳不接地或电动工具金属外壳接地不可靠，应属于行为违章		
28	带电绝缘工具在运输过程中，带电绝缘工具没有装在专用工具袋、工具箱或专用工具车内，应属于行为违章	**国标《安规》（发电厂和变电站电气部分）** 9.4.3 带电绝缘工具在运输过程中，应装在专用工具袋、工具箱或专用工具车内	

序号	违章内容	《安规》条文对照	防范措施
29	工作人员在使用带电作业工具时，没有检查绝缘工具是否受潮、损坏、脏污、变形、失灵，就使用，应属于行为违章	**国标《安规》（发电厂和变电站电气部分）** 9.4.2 不应使用损坏、受潮、变形、失灵的带电作业工具	工作人员在使用带电作业工具时，发现绝缘工具受潮、失灵、有脏污、损坏、变形时，必须及时处理，必须对这些工具重新试验或检测合格后才能使用
30	工作人员使用的带电作业工具放置在地上，应属于行为违章	**国标《安规》（发电厂和变电站电气部分）** 9.4.4 作业现场使用的带电作业工具应放置在防潮的帆布或绝缘物上	进入作业现场工作人员必须将使用的带电作业工具放置在防潮的绝缘垫或防潮的帆布上
31	工作人员使用绝缘损坏的手持电动工器具，应属于行为违章		（1）工作人员禁止使用电源保护线脱落的手持电动工器具。 （2）工作人员禁止使用电源线护套破裂的手持电动工器具。 （3）工作人员禁止使用电源线插头插座裂开的手持电动工器具。 （4）工作人员使用的手持电动工器具必须安装合格的剩余电流动作保护器。 （5）工作人员禁止使用绝缘损坏的手持电动工器具

序号	违章内容	《安规》条文对照	防范措施
32	工作人员使用的动力电源开关没有加装剩余电流动作保护器，应属于行为违章		（1）工作人员在使用动力电源开关接线前，应检查动力电源开关是否安装剩余电流动作保护器，如果没有安装，工作人员禁止使用此动力电源开关接线。 （2）工作人员在使用动力电源开关接线前，应检查动力电源开关是否安装剩余电流动作保护器，如果已经安装，工作人员必须对剩余电流动作保护器进行试验跳闸，合格后方能使用此动力电源开关接线
33	工作人员使用已变形、已破损的工器具，不按照工器具的出厂说明书要求使用，应属于行为违章		（1）工作人员不得使用已变形、已破损、已作废、有缺陷的工器具。 （2）工作人员在使用工器具前应认真学习工器具出厂说明书要求，按照工器具出厂说明书要求进行使用
34	工作人员使用的手锯、木钻、螺丝刀没有手柄，应属于行为违章		工作人员使用的手锯、木钻、螺丝刀必须有手柄，没有手柄的手锯、木钻、螺丝刀禁止使用
35	工作人员在使用锯床时，工件没有夹牢，应属于行为违章		工作人员在使用锯床时，工件必须夹牢方能工作。对于较长的工件，两头也应垫牢方能工作

续表

序号	违章内容	《安规》条文对照	防范措施
36	工作人员使用的带电作业工器具没有按照规定定期进行试验，应属于行为违章	**国标《安规》（发电厂和变电站电气部分）** 9.4.5 带电作业工器具应按规定定期进行试验	对带电作业工器具应按规定定期进行预防性试验。带电作业工器具预防性试验分为电气试验和机械试验。电气试验，预防性试验每年一次，检查性试验每年一次，两次试验间隔半年。机械试验，绝缘工具每年一次，金属工具两年一次
37	工作人员在使用砂轮研磨时，没有戴防护眼镜，也没有装设防护玻璃，应属于行为违章		（1）工作人员在使用砂轮研磨时，必须戴防护眼镜。 （2）工作人员在使用砂轮研磨时，必须装设防护玻璃。 （3）工作人员在使用砂轮研磨工具时要杜绝造成火星向上。 （4）工作人员在使用砂轮研磨时禁止用砂轮的侧面研磨工具。 （5）工作人员使用的砂轮机必须安装钢板制成的防护罩。 （6）工作人员使用的砂轮有裂纹现象时禁止使用
38	工作人员违规操作转动部分，应属于行为违章		（1）工作人员严禁戴手套对转动部分进行清扫或进行其他工作。 （2）工作人员严禁用抹布对转动部分进行清扫或进行其他工作。 （3）工作人员严禁将运行中转动设备的防护罩打开。 （4）工作人员严禁将手伸入运行中的转动设备

续表

序号	违章内容	《安规》条文对照	防范措施
39	在潮湿的地方进行焊接作业时，焊工未采取安全措施，应属于行为违章		（1）在潮湿的地方进行焊接作业时，焊工应站在干燥的木板上。 （2）在潮湿的地方进行焊接作业时，焊工应穿橡胶绝缘鞋
40	在密闭容器内同时进行电焊、气焊工作，入口处无人监护，应属于行为违章		
41	操作低压熔断保险器时，电气值班人员未戴手套，未戴护目眼镜，应属于行为违章	**国标《安规》（发电厂和变电站电气部分）** 12.2 低压回路停电工作的安全措施： 停电更换熔断器后恢复操作时，应戴手套和护目眼镜	带电更换低压熔断保险器，对低压熔断保险器送电、停电操作时，电气值班人员应戴手套、戴护目眼镜
42	工作人员用湿抹布擦拭带电的低压电器，应属于行为违章		工作人员严禁用湿抹布擦拭带电的低压配电盘上的剩余电流动作保护器、端子排、交流接触器、熔断器、刀开关、电流表、电压表，严禁用湿抹布擦拭带电的低压电容器
43	工作人员作业现场出现朝天钉，影响工作，应属于行为违章		

续表

序号	违章内容	《安规》条文对照	防范措施
44	带电设备可能对检修设备产生感应电压时，工作人员未在停电检修设备上加装接地线或使用个人保安线，应属于行为违章		对于平行布置的电气设备，当其中的一组电气设备停电检修时，带电设备可能对检修设备产生感应电压，工作负责人应向工作人员交代危险点，监护人应监护工作人员在停电检修设备上加装接地线或使用个人保安线后方能开始工作
45	检修设备的邻近带电设备可能对停电检修设备产生感应电压时，工作人员未在停电检修设备上加装接地线或使用个人保安线，应属于行为违章		(1) 检修设备的邻近带电设备可能对停电检修设备产生感应电压时，工作人员应在停电检修设备上加装接地线。 (2) 检修设备的邻近带电设备可能对停电检修设备产生感应电压时，工作人员应在停电检修设备上使用个人保安线。 (3) 检修设备的邻近带电设备可能对停电检修设备产生感应电压时，工作票上应体现加装接地线或使用个人保安线的内容。 (4) 检修设备的邻近带电设备可能对停电检修设备产生感应电压时，工作负责人应告知工作人员装接地线或使用个人保安线后方能工作

第八节　调度操作违章

序号	违章内容	《安规》条文对照	防范措施
1	值班调度员没有填写操作票，或填写的操作票不清楚、有涂改，就下达操作指令进行调度操作，应属于行为违章	国标《安规》（发电厂和变电站电气部分） 7.3.4.1　操作票是线路和配电设备操作前，填写操作内容和顺序的规范化票式，可包含编号、操作任务、操作顺序、操作时间	（1）值班调度员必须根据调度计划预先对照调度模拟板填写操作票，并逐项检查核对正确后，由值班调度员根据操作票下达操作指令。 （2）值班调度员填写的操作票必须清楚，不得涂改撕毁，必须互相审查正确
2	值班调度员下达指令时不使用规范用语、不复诵、不核对，应属于行为违章	国标《安规》（发电厂和变电站电气部分） 7.3.1.1　发令人发布指令应准确、清晰，使用规范的操作术语和设备名称	（1）值班调度员下达指令时使用规范用语。 （2）值班调度员下达指令时必须复诵无误。 （3）值班调度员下达指令时要核对无误。 （4）值班调度员下达指令时不能只凭记忆下达操作指令
3	值班调度员在执行调度命令时拖延执行，影响电气操作，应属于行为违章		
4	值班调度员执行调度命令不力，影响电气操作，应属于行为违章		

续表

序号	违章内容	《安规》条文对照	防范措施
5	值班调度员对于双电源线路，没有按照分步操作填写操作指令票就进行调度操作，应属于行为违章		
6	值班调度员下达操作指令时没有使用录音电话进行录音，应属于行为违章		使用录音电话进行录音
7	值班调度员接受上级操作指令时没有使用录音电话进行录音，应属于行为违章		
8	值班调度员应提前将操作任务和操作步骤通知有关单位进行准备，如果值班调度员没有提前将操作任务和操作步骤通知有关单位，影响操作的应属于行为违章		
9	如果值班调度员不清楚电气设备的接线方式、电力潮流、继电保护和自动装置定值运行情况就拟定操作步骤，应属于行为违章		值班调度员在拟定操作步骤前，必须了解电气设备的接线方式、电力潮流、继电保护和自动装置定值运行情况
10	操作指令票内操作序号要按照递增次序填写，允许同时进行的操作，序号项应填同一序号，如果值班调度员将操作指令票的次序填写错误，应属于行为违章		

31

续表

序号	违章内容	《安规》条文对照	防范措施
11	值班调度员发布操作指令时，不按照操作指令票逐项下达，只凭想象记忆发布指令，应属于行为违章		值班调度员发布操作指令时，必须按照已填写并审核好的操作指令票逐项下达，严禁凭想象记忆发布指令
12	值班调度员没有按照操作顺序进行操作指令发布，应属于行为违章		当操作指令票的后一项操作必须根据前一项操作完成后的才能执行时，只有值班调度员在得到前一项指令完成的汇报后，值班调度员才允许发出后一项操作指令
13	受令单位在执行完值班调度员下达的操作指令后进行汇报，值班调度员没有改变调度模拟板上设备位置，应属于行为违章		受令单位在执行完值班调度员下达的操作指令后，由受令人亲自向值班调度员汇报。接到完成指令的汇报后，值班调度员应立即在操作序号上做"√"标记，立即变换调度模拟板上设备的位置，使调度模拟板上设备的位置与现场实际设备的位置相对应
14	值班调度员遇有复杂电气操作和事故处理时进行交接班，应属于行为违章		（1）值班调度员遇有正常操作时一般不应进行交接班。 （2）值班调度员应尽量在负荷较小时进行交接班。 （3）值班调度员如果遇有复杂的电气操作不得进行交接班。 （4）值班调度员遇有事故处理时不得进行交接班

续表

序号	违章内容	《安规》条文对照	防范措施
15	凡因操作对系统潮流影响较大者，值班调度员必须通知有关厂、站引起注意。如果值班调度员没有及时通知有关厂、站引起注意，应属于行为违章		
16	值班调度员在发布操作指令拉开空载断路器前，应检查断路器确无负荷，如果值班调度员没有检查断路器确无负荷就下令拉开空载断路器，应属于行为违章		
17	值班调度员在操作结束后没有检查调度模拟板的位置情况，没有检查系统接线方式、电力潮流、继电保护和自动装置运行情况，应属于行为违章		值班调度员在操作结束后必须全面检查调度模拟板的位置情况，检查系统接线方式、电力潮流、继电保护和自动装置运行情况
18	倒换两台变压器时，如果值班调度员没有检查并列变压器已带上负荷就对要停的变压器下达停电指令，应属于行为违章		倒换两台变压器时，值班调度员必须检查并列变压器确已带上负荷后方能对要停的变压器下达停电指令
19	两台并列运行的变压器倒换零序隔离开关时，值班调度员下达指令为先拉开在合闸位置变压器的零序隔离开关，再合上在断开位置的变压器零序隔离开关，应属于行为违章		两台并列运行的变压器倒换零序隔离开关时，应先合上在断开位置的变压器零序隔离开关，再拉开在合闸位置变压器的零序隔离开关

133

续表

序号	违章内容	《安规》条文对照	防范措施
20	值班调度员在下达变压器送电指令时，应由装有较完备保护的变压器电源侧进行，停电时相反。如果值班调度员没有按照上述顺序下达操作指令，应属于行为违章		
21	电压互感器停送电操作前，值班调度员没有制定防止电压互感器由低压向高压反送电措施，应属于行为违章		值班调度员在下达电压互感器停电、送电操作指令前，应提出防止电压互感器由低压向高压反送电措施
22	站用电停、送电操作前，值班调度员没有制定防止站用电由低压向高压反送电措施，应属于行为违章		值班调度员在下达站用电停电、送电操作指令前，应提出防止站用电由低压向高压反送电措施
23	110kV及以上电压等级的变压器在停、送电时，值班调度员没有下达合上零序隔离开关，没有下达投入仅跳闸变压器自身零序保护的指令，应属于行为违章		(1) 110kV及以上电压等级的变压器在送电时，值班调度员必须下达合上零序隔离开关的指令。(2) 110kV及以上电压等级的变压器在停电时，值班调度员必须下达合上零序隔离开关的指令。(3) 110kV及以上电压等级的变压器在送电时，值班调度员必须下达投入仅跳闸变压器自身零序保护的指令。(4) 110kV及以上电压等级的变压器在停电时，值班调度员必须下达投入仅跳闸变压器自身零序保护的指令

续表

序号	违章内容	《安规》条文对照	防范措施
24	内桥接线方式的变电站，当变压器送电时，值班调度员应下达由线路充电的指令，如果值班调度员没有下达由线路充电的指令，应属于行为违章		
25	如遇恶劣天气，值班调度员下令用隔离开关进行开、闭环操作，应属于行为违章		（1）如遇恶劣天气，值班调度员严禁下令用隔离开关进行开环操作。 （2）如遇恶劣天气，值班调度员严禁下令用隔离开关进行闭环操作
26	两端有电源的线路停电时，值班调度员没有在线路两端断路器、隔离开关全部拉开后就下令挂接地线，应属于行为违章		（1）两端有电源的线路停电时，值班调度员必须下令拉开线路一端断路器，检查断路器确已拉开。 （2）两端有电源的线路停电时，值班调度员在检查线路一端断路器确已拉开后，下令拉开线路一端隔离开关，检查隔离开关确已拉开。 （3）两端有电源的线路停电时，值班调度员必须下令拉开线路另一端断路器，检查断路器确已拉开。 （4）两端有电源的线路停电时，值班调度员在检查线路另一端断路器确已拉开后，下令拉开线路另一端隔离开关，检查隔离开关确已拉开。 （5）两端有电源的线路停电时，值班调度员在检查线路两端断路器、隔离开关全部拉开后方可下令挂接地线

续表

序号	违章内容	《安规》条文对照	防范措施
27	两端有电源的线路送电时，值班调度员必须在线路两端接地线全部拆除后方可下令合闸送电，并实行分步操作。如果值班调度员没有在线路两端接地线全部拆除后就下令合闸送电，应属于行为违章		（1）两端有电源的线路送电时，值班调度员必须下令拆除线路一端挂接地线，检查一端接地线确已拆除。 （2）两端有电源的线路送电时，值班调度员必须下令拆除线路另一端所接地线，检查另一端接地线确已拆除。 （3）两端有电源的线路送电时，值班调度员在检查线路两端接地线确已拆除后，下令合上线路一端隔离开关，检查隔离开关确已合上。 （4）两端有电源的线路送电时，值班调度员在检查线路一端隔离开关确已合上后，下令合上线路一端断路器，检查断路器确已合上。 （5）两端有电源的线路送电时，值班调度员在检查线路两端接地线确已拆除后，下令合上线路另一端隔离开关，检查隔离开关确已合上。 （6）两端有电源的线路送电时，值班调度员在检查线路一端隔离开关确已合上后，下令合上线路另一端断路器，检查断路器确已合上
28	双回路线路中有一条线路停电时，值班调度员应考虑其运行线路的送电能力及继电保护允许电流，如果值班调度员没有考虑运行线路的送电能力及继电保护允许电流就下令对双回路线路中的一条线路进行停电，应属于行为违章		

续表

序号	违章内容	《安规》条文对照	防范措施
29	环路中有一条线路停电时，值班调度员应考虑其运行线路的送电能力及继电保护允许电流，如果值班调度员没有考虑运行线路的送电能力及继电保护允许电流就下令对环路中的一条线路进行停电，应属于行为违章		
30	值班调度员在下令线路操作时应考虑有无"T"接负荷，当"T"接线有电源时，还要考虑必要的安全措施。如果值班调度员没有对带电源的"T"接线采取必要安全措施的，应属于行为违章		
31	对双母线有不同期电压时，值班调度员不得下达综合操作指令，并向现场值班人员交待清楚。如果值班调度员下达综合操作指令，没有向现场值班人员交待清楚，应属于行为违章		
32	值班调度员在下达解列、并列操作指令前，值班调度员没有考虑可能引起的电压、频率、潮流的变化，没有通知有关单位注意，应属于行为违章		值班调度员在下达解列、并列操作指令前，应认真考虑可能引起的电压、频率、潮流的变化，并通知有关单位注意

序号	违章内容	《安规》条文对照	防范措施
33	处理事故时，如果值班调度员没有检查调度自动化遥信、遥测及故障录波器远传动作情况就仓促下令进行事故处理，造成处理不当，应属于行为违章		处理事故时，值班调度员应首先查看调度自动化遥信、遥测及故障录波器远传动作情况，进行综合分析判断，如果有不清楚的应询问有关人员。只有对事故现象有了全面了解和正确判断后方能下令进行事故处理
34	发生事故引起断路器跳闸时，伴有严重的短路象征，如异音、爆炸、火光，值班调度员在不通知现场电气值班人员检查断路器现场情况就下令强送电，应属于行为违章		（1）发生事故引起断路器跳闸时，如果短路现象严重，且断路器伴有异音值班调度员必须通知电气值班人员查看要合闸的断路器有无异常，如果没有异常可下令对断路器强送电。 （2）发生事故引起断路器跳闸时，如果短路现象严重，且断路器伴有爆炸，值班调度员必须通知电气值班人员查看要合闸的断路器爆炸情况，如果严重应下令对断路器停电，做好抢修准备。通知检修单位立即组织抢修。 （3）发生事故引起断路器跳闸时，如果短路现象严重，且断路器伴有火光，值班调度员必须通知电气值班人员查看要合闸的断路器有无异常，如果没有异常方可下令对断路器强送电。如果有异常现象，应下令对断路器停电，做好抢修准备。通知检修单位立即组织抢修

续表

序号	违章内容	《安规》条文对照	防范措施
35	发生事故引起断路器跳闸时，现场电气值班人员汇报送电设备存在缺陷和异常，如果值班调度员不通知现场电气值班人员检查送电设备现场运行情况，就下令强送电，应属于行为违章		发生事故引起断路器跳闸时，如果现场电气值班人员汇报送电设备存在缺陷/异常，值班调度员不得下令强送电，应通知现场电气值班人员必须查看要合闸电气设备存在缺陷是否严重，如果严重，值班调度员应下令对断路器停电，做好抢修准备，通知检修单位立即组织抢修。如果现场查看送电设备的缺陷/异常不严重，不影响送电，值班调度员方可下令对断路器强送电
36	有带电作业的厂、站断路器跳闸后，值班调度员在没有判明故障原因情况下就强送电，应属于行为违章		
37	当发生系统性事故时，值班调度员应尽快报告上级调度员。如果值班调度员没有汇报上级调度员就自行处理，应属于行为违章		
38	值班调度员在指挥处理事故时没有制定防止过负荷引起断路器跳闸的措施，应属于行为违章		

续表

序号	违章内容	《安规》条文对照	防范措施
39	值班调度员在指挥处理事故时没有制定防误操作措施，应属于行为违章		值班调度员在指挥处理事故时要制定防止带接地线合闸送电、防止带接地刀闸合闸送电、防止带负荷拉隔离开关、防止带负荷合隔离开关、防止带电挂接地线、防止带电合接地开关、防止人员误入带电间隔的措施
40	值班调度员在指挥处理事故时没有制定防止非同期并列的措施，应属于行为违章		
41	值班调度员在指挥处理事故时没有检查断路器跳闸次数在允许范围以内，应属于行为违章		
42	值班调度员在指挥处理事故时没有及时处理低频率、低电压，应属于行为违章		
43	带有重合闸的线路故障，线路断路器跳闸重合不成功，如果值班调度员在强送电不成功的情况下再次要求现场电气值班人员强送电，应属于行为违章		（1）带有重合闸的单电源线路故障，线路断路器跳闸重合不成功，根据值班调度员指令现场电气值班人员再强送电一次，强送电不成功时不再强送电。

续表

序号	违章内容	《安规》条文对照	防范措施
43	带有重合闸的线路故障，线路断路器跳闸重合不成功，如果值班调度员在强送电不成功的情况下再次要求现场电气值班人员强送电，应属于行为违章		（2）带有重合闸的多电源线路故障，线路断路器跳闸重合不成功（重合闸停用或拒动时），根据值班调度员指令现场电气值班人员再强送电一次，强送电不成功时不再强送电。 （3）带有重合闸的多电源线路故障，线路断路器跳闸重合不成功，应检查故障录波无明显故障波形，经过 3min 后，值班调度员给现场电气值班人员下达指令再强送电一次，强送电不成功时不再强送电。 （4）带有重合闸的多电源线路故障，线路断路器跳闸重合不成功，应检查故障测距在区外不在区内，经过 3min 后，值班调度员给现场电气值班人员下达指令再强送电一次，强送电不成功时不再强送电。 （5）带有重合闸的多电源线路故障，线路断路器跳闸重合不成功，经检查断路器跳闸时计表摆动不严重，经过 3min 后，值班调度员给现场电气值班人员下达指令再强送电一次，强送电不成功时不再强送电。 （6）带有重合闸的多电源线路故障，线路断路器跳闸重合不成功，此时送、受功率较大且停电后对负荷及电能质量有较大影响者，经过 3min 后，值班调度员给现场电气值班人员下达指令再强送电一次，强送电不成功时不再强送电

续表

序号	违章内容	《安规》条文对照	防范措施
44	线路故障断路器跳闸，值班调度员给现场电气值班人员下达指令强送电线路时，应先停用强送电断路器的重合闸，再将断路器合闸送电，如果值班调度员在没有停用强送电断路器的重合闸，就下令将断路器合闸送电，应属于行为违章		
45	因带电作业而停用重合闸的线路发生故障引起断路器跳闸，值班调度员在未查明原因前，不得对该线路强送电。如果值班调度员在没有查明原因的情况下就下令将该线路强送电，应属于行为违章		
46	多电源线路发生故障，线路断路器跳闸重合不成功，值班调度员给现场电气值班人员下达指令再强送电一次，强送电不成功时不再强送电。如果值班调度员下达指令不是在短路故障容量小的一端强送电，应属于行为违章		

续表

序号	违章内容	《安规》条文对照	防范措施
47	如果值班调度员在大雾天气下达指令对跳闸线路强送电，应属于行为违章		大雾天气，线路断路器跳闸不管重合与否均不能强送电，等雾小后再试送
48	当断路器遮断故障次数只剩一次时，应停用该断路器的重合闸。如果值班调度员在断路器遮断故障次数只剩一次时没有下令停用该断路器的重合闸，应属于行为违章		
49	线路故障使断路器跳闸，虽然重合成功或强送电成功，值班调度员忘记通知有关单位进行带电巡线，应属于行为违章		线路故障使断路器跳闸，之后线路重合成功或对线路强送电成功，值班调度员必须通知有关单位对故障线路进行带电巡线。有故障测距的线路应通知定点巡线
50	如果线路是永久性故障，值班调度员在没有下令拉开该线路所有断路器、隔离开关，没有装设接地线的情况下就通知有关单位进行事故抢修，应属于行为违章		(1) 线路故障使断路器跳闸，如果线路是永久性故障，值班调度员应下令拉开该线路所有断路器。 (2) 值班调度员下令拉开该线路所有隔离开关。 (3) 值班调度员下令在线路各侧装设接地线，做好安全措施。 (4) 值班调度员通知有关单位对故障线路进行事故抢修

序号	违章内容	《安规》条文对照	防范措施
51	线路过负荷时，值班调度员没有采取限制负荷增加的措施，应属于行为违章		（1）线路过负荷时，值班调度员应采取提高送、受端系统电压。 （2）线路过负荷时，值班调度员应采取受端电厂提高有、无功出力，送端电厂减低有功、无功出力。 （3）线路过负荷时，值班调度员应采取将受端负荷调出。 （4）线路过负荷时，值班调度员应采取在受端进行限电。 （5）线路过负荷时，值班调度员应根据系统潮流分布调整系统接线方式
52	值班调度员在下达操作指令时，通信装置忽然失灵，接受指令者在没有全部听完指令就执行该项指令，应属于行为违章		（1）值班调度员在下达操作指令时，由于通信装置忽然失灵还未完成重复指令，接受指令者严禁执行该项指令。 （2）值班调度员在下达操作指令时，由于通信装置忽然失灵还未完成许可手续，接受指令者严禁行该项指令

144

续表

序号	违章内容	《安规》条文对照	防范措施
53	断路器液压机构泄压且恢复正常压力时，值班调度员没有采取转移负荷、采取防止断路器慢分闸的措施，应属于行为违章		（1）当断路器液压机构出现泄压时，现场电气值班人员无法手动恢复正常压力，值班调度员应迅速将断路器所带负荷调出。 （2）断路器液压机构泄压且恢复正常压力时，值班调度员应下令采用机械闭锁断路器分闸、合闸措施。 （3）断路器液压机构泄压且恢复正常压力时，值班调度员应尽快下令将液压机构泄压的断路器停电。 （4）断路器液压机构泄压且恢复正常压力时，值班调度员应通知发电厂和变电站电气值班人员加强对断路器的监视。 （5）断路器液压机构泄压且恢复正常压力时，值班调度员应通知检修单位迅速到现场处理
54	当出现系统接地故障时，值班调度员不按照先后顺序查找故障点，应属于行为违章		当出现系统接地故障时，值班调度员应通知有关厂、站进行内部检查、试拉空载线路查找故障点、分割电网查找并列双回路故障点、试拉经改变接线后不影响供电的线路或设备查找故障点、用重合闸试拉线路查找故障点、将系统解列查找故障点、试拉其他线路查找故障点、试拉母线系统查找故障点、试拉电源设备查找故障点

续表

序号	违章内容	《安规》条文对照	防范措施
55	对于投停保护出口连接片，值班调度员没有下达指令，而是采用口头通知的方式让现场电气值班人员投停保护出口连接片，应属于行为违章		发生直流系统接地故障后，在停用保护装置前，现场电气值班人员应汇报值班调度员，并按照调度指令使用事先填写好的专用操作票来投停保护出口连接片
56	对于事故处理，值班调度员没有作记录，事后操作也不填写操作票，应属于行为违章		事故处理均可不填写操作票，但值班调度员应作简要记录，事后操作应填写操作票
57	值班调度员不按照交接班制度执行，值班期间脱岗，应属于行为违章		
58	值班调度员值班期间做与值班工作无关的事情，应属于行为违章		
59	值班调度员饮酒后上班，应属于行为违章		
60	值班调度员没有违反电网运行方式下达操作指令，应属于行为违章		
61	值班调度员没有按照调度规程下达操作指令，应属于行为违章		

序号	违章内容	《安规》条文对照	防范措施
62	值班调度员接受设备缺陷后,没有及时填写设备缺陷记录,应属于行为违章		(1) 值班调度员接受设备缺陷后,应及时填写设备缺陷记录。 (2) 值班调度员针对设备缺陷,应及时通知设备管理单位进行消缺处理。 (3) 缺陷处理后,值班调度员应及时在设备缺陷记录上注销
63	因值班调度员工作失误造成发电厂和变电站计算机不能正常运行,应属于行为违章		
64	值班调度员对特殊运行方式不做事故预想,应属于行为违章		
65	值班调度员对于重大复杂的工作,事前不进行危险点分析,准备工作不充分,应属于行为违章		
66	值班调度员不能按照规定迅速、正确地处理事故,未按规定填写事故记录,应属于行为违章		

第三章　电力线路违章表现与防范

第一节 带电作业违章

序号	违章内容	《安规》条文对照	防范措施
1	如果是由不具备带电作业资格的人员担任带电作业工作票签发人、工作负责人、工作监护人，应属于行为违章		（1）带电作业工作票签发人应由具有带电作业实践经验、具有带电作业资格的人员担任。 （2）带电作业工作负责人应由具有带电作业实践经验、具有带电作业资格的人员担任。 （3）带电作业工作监护人应由具有带电作业实践经验、具有带电作业资格的人员担任。 （4）带电作业工作监护人、工作票签发人、工作负责人必须是经公司组织安全工作规程考试合格并下发正式文件的人员。 （5）带电作业工作监护人、工作票签发人、工作负责人必须是经带电作业专门机构培训并考试取证人员方可担任带电作业监护。 （6）在带电作业中，带电工作人员必须是经带电作业专门机构培训并考试取证人员方可进行带电作业

序号	违章内容	《安规》条文对照	防范措施
2	在填写带电作业工作票中"工作条件"栏内容时，如果没有明确填写等电位作业，应属于行为违章		（1）对于等电位作业，工作票签发人应在带电作业工作票中"工作条件"栏内填写等电位作业。 （2）对于地电位作业，工作票签发人应在带电作业工作票中"工作条件"栏内填写地电位作业。 （3）对于中间电位作业，工作票签发人应在带电作业工作票中"工作条件"栏内填写中间电位作业
3	在填写带电作业工作票中"注意事项（安全措施）"栏内容时，应该填写应采取的绝缘隔离等安全措施和注意事项而在带电作业工作票中忘记填写，应属于行为违章		
4	在填写带电作业工作票中"注意事项（安全措施）"栏内容时，根据现场工作情况应该填写退出重合闸装置，但在带电作业工作票中忘记填写退出重合闸装置，应属于行为违章		

续表

序号	违章内容	《安规》条文对照	防范措施
5	带电作业中,专责监护人员的监护范围超过一个作业点,应属于行为违章	**GB 26859—2011 国家标准《电力(业)安全工作规程》(电力线路部分)[简称"国际"《安规》(电力线路部分)]** 5.5.4 专责监护人: a) 明确被监护人员和监护范围; b) 工作前对被监护人员交待安全措施,告知危险点和安全注意事项; c) 监督被监护人员执行本标准和现场安全措施,及时纠正不安全行为	(1) 对于带电作业监护,专责监护人员的监护范围不准超过一个作业点。 (2) 带电作业必须设专责监护人。 (3) 带电作业中监护人不得直接操作。 (4) 对于复杂的带电作业,应根据现场工作环境,有必要增设监护人员时,必须增设监护人员。 (5) 对于杆塔上的带电作业,应根据现场工作环境,有必要增设塔上监护人员时,必须增设监护人员。 (6) 专责监护人应明确自己的被监护人员、监护范围,确保被监护人员始终处于监护之中。 (7) 专责监护人在工作前,应向被监护人员交待安全措施,告知危险点和安全注意事项,并确认每一个工作班成员都已知晓。 (8) 专责监护人应全程监督被监护人员遵守本标准《安规》和现场安全措施,及时纠正不安全行为,从而保证带电作业安全

续表

序号	违章内容	《安规》条文对照	防范措施
6	对于可能引起单相接地或相间短路的作业，没有停用电力线路重合闸，对于有可能引起单极接地或极间短路的作业，没有停用直流再启动装置，应属于行为违章	国标《安规》（电力线路部分） 11.1.5　带电作业有下列情况之一者，应停用重合闸或直流再启动装置，并不应强送电： a）中性点有效接地系统中可能引起单相接地的作业； b）中性点非有效接地系统中可能引起相间短路的作业； c）直流线路中可能引起单极接地或极间短路的作业； d）不应约时停用或恢复重合闸及直流再启动装置	（1）对于中性点有效接地系统中有可能引起单相接地的作业，必须停用电力线路重合闸并将此内容填写在工作票中。 （2）对于中性点非有效接地的系统中有可能引起相间短路的作业，必须停用电力线路重合闸并将此内容填写在工作票中。 （3）对于直流线路中有可能引起单极接地的作业，必须停用电力线路直流再启动保护并将此内容填写在工作票中。 （4）对于直流线路中有可能引起极间短路的作业，必须停用电力线路直流再启动保护并将此内容填写在工作票中
7	带电作业工作负责人在带电作业工作开始前，不与值班调度员联系。带电作业结束后，工作负责人不向值班调度员汇报，应属于行为违章	国标《安规》（电力线路部分） 5.6.3　带电作业工作负责人在带电作业工作开始前，应与设备运行维护单位或值班调度员联系并履行有关许可手续。带电作业结束后，应及时汇报	（1）带电作业工作负责人在带电作业工作开始前，应与值班调度员联系。 （2）需要停用重合闸的作业应由值班调度员履行许可手续。 （3）需要停用直流线路再启动保护的作业应由值班调度员履行许可手续。 （4）需要进行带电断引线应由值班调度员履行许可手续。 （5）需要进行带电接引线的作业应由值班调度员履行许可手续。 （6）带电作业结束后，工作负责人应及时向值班调度员汇报

续表

序号	违章内容	《安规》条文对照	防范措施
8	在带电作业过程中如果设备突然停电，工作人员应视设备仍然带电，如果工作人员不按设备带电对待，应属于行为违章	**国标《安规》（电力线路部分）** 11.1.6 在带电作业过程中如设备突然停电，应视设备仍然带电，工作负责人应及时与线路运行维护单位或调度联系。线路运行维护单位或值班调度员未与工作负责人取得联系前不应强送电	
9	带电作业工作票随意办理延期手续，应属于行为违章	**国标《安规》（电力线路部分）** 5.4.10 电力线路第一种工作票、电力线路第二种工作票和电力线路带电作业工作票的有效时间，以批准的检修计划工作时间为限，延期应办理手续	带电作业属于危险性较高的工作，对天气和安全措施执行要求较高，且带电作业一般需停用重合闸，将给线路的可靠性带来一定的影响。因此，带电作业工作票不宜延期
10	在带电作业中，带电工作人员不按照有关规定穿着带电作业服装，应属于行为违章		
11	在带电作业中，绝缘斗臂车正在使用，由于人为原因造成绝缘斗臂车发动机熄火，应属于行为违章		

续表

序号	违章内容	《安规》条文对照	防范措施
12	带电作业前，绝缘斗臂车不检查、不试验就载人作业，应属于行为违章		（1）绝缘斗臂车使用前，要有专人对绝缘斗臂车进行检查。 （2）绝缘斗臂车使用前，要有专人对绝缘斗臂车进行试验，合格后方能工作。 （3）如果不对绝缘斗臂车进行全面检查且试验不合格，禁止载人作业
13	带电工作人员使用火花间隙检测器检测 35kV 及以上电压等级的绝缘子串时，当同一串绝缘子中的零值绝缘片数达到规定数量时，带电工作人员仍对绝缘子进行检测，应属于行为违章		
14	在 35kV 电压等级的电力线路上进行等电位作业时，没有采取可靠的绝缘隔离措施，应属于行为违章		
15	等电位工作人员在没有得到工作负责人许可的情况下就进行电位转移，应属于行为违章	**国标《安规》（电力线路部分）** 11.2.3　等电位工作人员在电位转移前，应得到工作负责人的许可。750kV 和 1000kV 等电位作业，应使用电位转移棒进行电位转移	

155

序号	违章内容	《安规》条文对照	防范措施
16	工作人员在电力线路上悬挂梯子、飞车进行等电位作业前，没有检查本档两端杆塔处电力线路的紧固情况就开始悬挂，应属于行为违章	**国标《安规》（电力线路部分）** 11.2.7 沿导（地）线上悬挂的软、硬梯或导线飞车进入强电场的作业，应遵守下列规定： c）在导（地）线上悬挂梯子、飞车进行等电位作业前，应检查本档两端杆塔处导（地）线的紧固情况	（1）工作人员严禁在瓷横担线路上挂梯作业。 （2）工作人员严禁在瓷横担线路上挂飞车作业。 （3）工作人员在转动横担的线路上挂梯前必须将横担固定，横担没有固定严禁工作人员进行挂梯作业。 （4）工作人员在转动横担的线路上挂飞车前必须将横担固定，横担没有固定严禁工作人员进行挂飞车作业。 （5）工作人员在电力线路上悬挂梯子进行等电位作业前，必须检查本档两端杆塔处电力线路的紧固情况良好方可开始悬挂梯子。 （6）工作人员在电力线路上悬挂飞车进行等电位作业前，必须检查本档两端杆塔处电力线路的紧固情况良好方可开始悬挂飞车
17	工作人员在转动横担的线路上挂梯前没有将横担固定，应属于行为违章	**国标《安规》（电力线路部分）** 11.2.7 沿导（地）线上悬挂的软、硬梯或导线飞车进入强电场的作业，应遵守下列规定： e）在绝缘子横担线路上不应挂梯作业，在转动横担的线路上挂梯前应将横担固定	

续表

序号	违章内容	《安规》条文对照	防范措施
18	在连续档距的导（地）线上挂梯（或飞车）时，材料为钢芯铝绞线和铝合金绞线的导（地）线截面小于120mm²，应属于行为违章	**国标《安规》（电力线路部分）** 11.2.7 沿导（地）线上悬挂的软、硬梯或导线飞车进入强电场的作业，应遵守下列规定： a）在连续档距的导（地）线上挂梯（或导线飞车）时，钢芯铝绞线和铝合金绞线导（地）线的截面应不小于120mm²；钢绞线导（地）线的截面应不小于50mm²	（1）在连续档距的导线上挂梯时，工作人员应检查材料为钢芯铝绞线的截面必须大于120mm²方能进行挂梯，如果钢芯铝绞线的截面小于120mm²，严禁在导线上挂梯。 （2）在连续档距的接地线上挂梯时，工作人员应检查材料为钢芯铝绞线的截面必须大于120mm²方能进行挂梯，如果钢芯铝绞线的截面小于120mm²，严禁在接地线上挂梯。 （3）在连续档距的导线上挂飞车时，工作人员应检查材料为钢芯铝绞线的截面必须大于120mm²方能进行挂飞车，如果钢芯铝绞线的截面小于120mm²，严禁在导线上挂飞车。 （4）在连续档距的接地线上挂飞车时，工作人员应检查材料为钢芯铝绞线的截面必须大于120mm²方能进行挂飞车，如果钢芯铝绞线的截面小于120mm²，严禁在接地线上挂飞车。 （5）在连续档距的导线上挂梯时，工作人员应检查材料为铝合金绞线的截面必须大于120mm²方能进行挂梯，如果铝合金绞线的截面小于120mm²，严禁在导线上挂梯。 （6）在连续档距的接地线上挂梯时，工作人员应检查材料为铝合金绞线的截面必须大于120mm²方能进行挂梯，如果铝合金绞线的截面小于120mm²，严禁在接地线上挂梯。

续表

序号	违章内容	《安规》条文对照	防范措施
18	在连续档距的导（地）线上挂梯（或飞车）时，材料为钢芯铝绞线和铝合金绞线的导（地）线截面小于 120mm²，应属于行为违章		（7）在连续档距的导线上挂飞车时，工作人员应检查材料为铝合金绞线的截面必须大于 120mm² 方能进行挂飞车，如果铝合金绞线的截面小于 120mm²，严禁在导线上挂飞车。 （8）在连续档距的接地线上挂飞车时，工作人员应检查材料为铝合金绞线的截面必须大于 120mm² 方能进行挂飞车，如果铝合金绞线的截面小于 120mm²，严禁在接地线上挂飞车
19	在连续档距的导（地）线上挂梯（或飞车）时，材料为钢绞线的导（地）线截面小于 50mm²，应属于行为违章	**国标《安规》（电力线路部分）** 11.2.7 沿导（地）线上悬挂的软、硬梯或导线飞车进入强电场的作业，应遵守下列规定： a) 在连续档距的导（地）线上挂梯（或导线飞车）时，钢芯铝绞线和铝合金绞线导（地）线的截面应不小于 120mm²；钢绞线导（地）线的截面应不小于 50mm²	（1）在连续档距的导线上挂梯时，工作人员应检查材料为钢绞线的截面必须大于 50mm² 方能进行挂梯，如果钢绞线的截面小于 50mm²，严禁在导线上挂梯。 （2）在连续档距的接地线上挂梯时，工作人员应检查材料为钢绞线的截面必须大于 50mm² 方能进行挂梯，如果钢绞线的截面小于 50mm²，严禁在接地线上挂梯。 （3）在连续档距的导线上挂飞车时，工作人员应检查材料为钢绞线的截面必须大于 50mm² 方能进行挂飞车，如果钢绞线的截面小于 50mm²，严禁在导线上挂飞车。 （4）在连续档距的接地线上挂飞车时，工作人员应检查材料为钢绞线的截面必须大于 50mm² 方能进行挂飞车，如果钢绞线的截面小于 50mm²，严禁在接地线上挂飞车

续表

序号	违章内容	《安规》条文对照	防范措施
20	等电位工作人员在作业中用酒精、汽油等易燃品擦拭带电体及绝缘部分，应属于行为违章		
21	工作人员在带电断、接空载线路时，安全措施未落实，应属于行为违章	**国标《安规》（电力线路部分）** 11.2.8 带电断、接空负荷线路，工作人员应戴护目眼镜，并采取消弧措施，不应带负荷断、接引线。不应同时接触未接通的或已断开的导线两个断头。短接设备时，应核对相位，闭锁跳闸机构，短接线应满足短接设备最大负荷电流的要求，防止人体短接设备	（1）工作人员在带电断、接空载线路时，必须戴护目镜。 （2）工作人员在带电断、接空载线路时，必须采取消弧措施。 （3）工作人员在带电断、接空载线路前，必须查明线路确无接地，如果经检查线路有接地，必须拆除接地线后方可带电进行断、接空载线路。 （4）工作人员在带电断、接空载线路前，必须查明线路绝缘良好。 （5）工作人员在带电断、接空载线路前，必须检查线路上确已无人工作，如果有人工作，必须采取防止带电接空载线路的安全措施。 （6）工作人员在进行带电断、接空载线路时，必须采取防止引流线摆动的措施。 （7）工作人员在进行带电断、接避雷器的引线时，必须采取防止引流线摆动的措施。 （8）工作人员在进行带电断、接空载线路前，必须确认线路的另一端断路器（开关）确已断开方可进行作业。

续表

序号	违章内容	《安规》条文对照	防范措施
21	工作人员在带电断、接空载线路时，安全措施未落实，应属于行为违章	**国标《安规》（电力线路部分）** 11.2.8 带电断、接空载负荷线路，工作人员应戴护目眼镜，并采取消弧措施，不应带负荷、接引线。不应同时接触未接通的或已断开的导线两个断头。短接设备时，应核对相位，闭锁跳闸机构，短接线应满足短接设备最大负荷电流的要求，防止人体短接设备	（9）工作人员在进行带电断、接空载线路前，必须确认线路的另一端隔离开关（刀闸）确已断开方可进行作业。 （10）工作人员在带电断、接空载线路前，必须确认接入线路侧的变压器确已退出运行方能进行作业。 （11）工作人员在带电断、接空载线路前，必须确认接入线路侧的电压互感器确已退出运行方能进行作业
22	工作人员用断、接空载线路的方法使两电源解列或并列，应属于行为违章		
23	工作人员用分流线短接断路器（开关）、隔离开关（刀闸）、跌落式熔断器等载流设备时，分流线没有支撑好，造成摆动，应属于行为违章		工作人员用分流线短接断路器（开关）、隔离开关（刀闸）、跌落式熔断器、其他载流设备时，分流线必须支撑好，不能出现摆动现象
24	工作人员用分流线短接断路器（开关）、隔离开关（刀闸）、跌落式熔断器等载流设备时，组装分流线的导线处没有清除氧化层，应属于行为违章		工作人员用分流线短接断路器（开关）、隔离开关（刀闸）、跌落式熔断器、其他载流设备时，组装分流线的导线处必须要完成清除氧化层的工作

续表

序号	违章内容	《安规》条文对照	防范措施
25	工作人员用分流线短接断路器（开关）、隔离开关（刀闸）、跌落式熔断器等载流设备时，线夹接触不牢固，也不可靠，应属于行为违章		工作人员用分流线短接断路器（开关）、隔离开关（刀闸）、跌落式熔断器、其他载流设备时，线夹要接触牢固、可靠
26	工作人员在进行带电清扫时，没有站在上风侧位置作业，应属于行为违章		
27	工作人员在进行带电清扫时，没有戴口罩，没有戴护目镜，应属于行为违章		
28	绝缘子表面采取带电水冲洗违反相应技术导则规定，应属于行为违章	国标《安规》（电力线路部分） 11.2.9 绝缘子表面采取带电水冲洗或进行机械方式清扫时，应遵守相应技术导则的规定	

续表

序号	违章内容	《安规》条文对照	防范措施
29	在恶劣天气时进行带电作业，应属于行为违章	**国标《安规》（电力线路部分）** 11.1.2 带电作业应在良好天气下进行。如遇雷电（听见雷声、看见闪电）、雪、雹、雨、雾等，不应进行带电作业。风力大于5级，或湿度大于80%时，不宜进行带电作业	（1）带电作业一般应在良好天气时进行，当风力大于5级，或湿度大于80%时不宜进行带电作业。 （2）带电作业一般应在良好天气时进行，当气温低于−3℃时不得进行带电作业。 （3）带电作业一般应在良好天气时进行，当遇有沙尘暴、大雨、雷电、大雪、大雾、冰雹天气时不应进行带电作业
30	未设专人监护，就进行带电作业工作，应属于行为违章	**国标《安规》（电力线路部分）** 11.1.3 带电作业应设专责监护人。复杂作业时，应增设监护人	考虑到工作人员可能兼顾不全面，为避免发生意外，应设专责监护人，实行全方位、全过程监护。为了使监护人能专心监护，故监护人不准直接操作，而且监护的范围也不准超过一个作业点
31	对带电设备进行水冲洗时，操作人员不戴绝缘手套，应属于行为违章		
32	对带电设备进行水冲洗时，操作人员不穿绝缘靴，应属于行为违章		

续表

序号	违章内容	《安规》条文对照	防范措施
33	当水压不足时，工作人员进行带电水冲洗。带电水冲洗设备未接地且绝缘不良，应属于行为违章		（1）工作人员在进行带电水冲洗前应注意调整好水泵压强，使水柱射程远且水流密集。当水压不足时，严禁将水枪对准被冲洗的带电设备。 （2）工作人员在进行带电水冲洗前，必须将水冲洗用水泵进行良好接地。 （3）工作人员在进行带电水冲洗前，必须检查确认水冲洗设备绝缘良好，方可进行带电水冲洗
34	没有进行绝缘子串良好绝缘子片数检测就带电水冲洗，应属于行为违章	**国标《安规》（电力线路部分）** 11.2.10 绝缘子串上带电作业前，应检测绝缘子串的良好绝缘子片数，满足相关规定要求	（1）对零值绝缘子的带电设备，工作人员严禁进行带电水冲洗。 （2）对低值绝缘子的带电设备，工作人员严禁进行水带电冲洗。 （3）带电设备的瓷质部分有裂纹时，工作人员严禁进行带电水冲洗
35	冲洗悬垂、耐张绝缘子串、瓷横担、支柱绝缘子及绝缘瓷套时，如果不按照正确顺序进行冲洗，应属于行为违章		（1）冲洗悬垂时，工作人员应从导线侧向横担侧依次冲洗。 （2）冲洗耐张绝缘子串时，工作人员应从导线侧向横担侧依次冲洗。 （3）冲洗瓷横担，工作人员应从导线侧向横担侧依次冲洗。 （4）冲洗支柱绝缘子时，工作人员应从下向上冲洗。 （5）冲洗绝缘瓷套时，工作人员应从下向上冲洗

序号	违章内容	《安规》条文对照	防范措施
36	带电冲洗绝缘子时,先冲上风侧,后冲下风侧,应属于行为违章		带电冲洗绝缘子时,应注意风向,应先冲下风侧,后冲上风侧
37	带电冲洗上、下层布置的绝缘子时,工作人员先冲上层,后冲下层,应属于行为违章		带电冲洗上、下层布置的绝缘子时,工作人员应先冲下层,后冲上层
38	使用变形的带电作业工具进行带电作业,应属于行为违章	**国标《安规》(电力线路部分)** 11.3.2 不应使用损坏、受潮、变形、失灵的带电作业工具	
39	低压带电作业,工作人员没有使用绝缘防护用具,应属于行为违章		(1) 在低压带电作业中,工作人员应使用有绝缘柄的工具,其外裸的导电部位必须采取绝缘措施。 (2) 在低压带电作业中,工作人员必须穿绝缘鞋。 (3) 在低压带电作业中,工作人员必须穿全棉长袖工作服。 (4) 在低压带电作业中,工作人员必须戴手套。 (5) 在低压带电作业中,工作人员必须戴安全帽。 (6) 在低压带电作业中,工作人员必须戴护目镜。 (7) 在低压带电作业中,工作人员必须站在干燥的绝缘物上进行作业

序号	违章内容	《安规》条文对照	防范措施
40	工作人员使用带有金属物的工具进行低压带电作业，应属于行为违章		(1) 工作人员严禁使用锉刀进行低压带电作业。 (2) 工作人员严禁使用带有金属物的毛掸进行低压带电作业。 (3) 工作人员严禁使用金属尺进行低压带电作业。 (4) 工作人员严禁使用带有金属物的毛刷进行低压带电作业。 (5) 工作人员严禁使用铁丝进行低压带电作业
41	在低压带电线路未采取绝缘措施时，工作人员穿越低压带电导线，应属于行为违章		
42	在进行低压带电作业时，工作人员对杆上情况不清楚就盲目登杆，应属于行为违章		(1) 在进行低压带电作业时，工作人员上杆前，必须要分清相线、中性线的位置。 (2) 在进行低压带电作业时，工作人员上杆前，必须要选好工作位置。 (3) 工作负责人必须向工作人员交代杆上工作危险点，并确认工作人员清楚后，方可允许工作人员登杆作业。 (4) 在进行低压带电作业时，工作人员上杆前，必须核对杆上标示牌与作业内容相符才能登杆

第二节 电力线路工作票违章

序号	违章内容	《安规》条文对照	防范措施
1	工作人员在现场进行工作，专责监护人临时离开工作现场时，没有通知被监护人员停止工作，应属于行为违章	**国标《安规》（电力线路部分）** 5.7.3 工作票签发人或工作负责人，应根据现场的安全条件、施工范围、工作需要等具体情况，增设专责监护人和确定被监护的人员	工作票签发人或工作负责人，应根据现场的安全条件、施工范围、工作需要等具体情况，对有触电危险、施工复杂容易发生事故的工作或工作负责人无法全面监护时，应增设专责监护人和确定被监护的人员，确保工作班全体成员始终处于监护之中。如：带电杆塔上作业，邻近交叉跨越及带电线路作业，重要的立、撤杆塔，拆除或更换线路杆塔的主要塔材或主杆，放线、紧线和拆线工作，起重作业等。专责监护人应视工作现场条件而设定，原则是每名工作人员均处于被监护范围之内。 专责监护人对指定的监护范围和监护对象的安全负责，为保证对被监护人员的有效监护，保持精力和注意力，在进行监护时不准兼做其他工作。专责监护人临时离开时，应通知被监护人员停止工作或离开工作现场，待专责监护人回来后方可恢复工作，以防止对被监护人员的行为失去监护。若专责监护人必须长时间离开工作现场时，应由工作负责人变更专责监护人，履行变更手续，原专责监护人应与新接替的专责监护人进行工作任务、安全措施、作业范围、被监护人员等的交接，并告知全体被监护人员

166

序号	违章内容	《安规》条文对照	防范措施
2	对于电力线路是同杆架设的多回线路，在电力线路第一种工作票中没有明确停电线路的位置、色标，且填写停电线路的名称错误，应属于行为违章		(1) 对于电力线路是同杆架设的多回线路，在电力线路第一种工作票中要填写停电线路的双重名称。 (2) 对于电力线路是同杆架设的多回线路，在电力线路第一种工作票中必须明确停电线路是上线、中线还是下线。 (3) 对于电力线路是同杆架设的多回线路，在电力线路第一种工作票中要明确杆号增加方向的左线或右线。 (4) 对于电力线路是同杆架设的多回线路，在电力线路第一种工作票中要注明电力线路色标的颜色
3	在同杆塔架设但不同时停送电的几条线路上的工作，填用一张电力线路第一种工作票，应属于行为违章	**国标《安规》（电力线路部分）** 5.4.2 一条线路、同一个电气连接部位的几条线路或同杆塔架设且同时停送电的几条线路上的工作，可填用一张电力线路第一种工作票	同杆塔架设包括联杆（指将两基及以上独立杆塔的中间或头部连接起来的多杆塔组合体）架设，若是部分联杆则不能用一张电力线路第一种工作票

续表

序号	违章内容	《安规》条文对照	防范措施
4	在不同类型的数条线路上进行不停电工作，填用一张电力线路第二种工作票，应属于行为违章	国标《安规》（电力线路部分） 5.4.3 同一电压等级、同类型的数条线路上的不停电工作，可填用一张电力线路第二种工作票	数条线路作业共用一张电力线路第二种工作票时，应同时满足以下条件： （1）电压等级相同。 （2）工作类型相同。主要是指工作目的、内容、要求和作业方法完全相同的工作，如测量杆塔的接地电阻等。如果只有部分相同，则不能称为同类型工作。 （3）不停电工作
5	在不同一电压等级的数条线路上依次进行的带电作业，填用了一张电力线路带电作业工作票，应属于行为违章	国标《安规》（电力线路部分） 5.4.4 同一电压等级、同类型采取相同安全措施的数条线路上依次进行的带电作业，可填用一张电力线路带电作业工作票	数条线路作业共用一张电力线路带电作业工作票时，应同时满足以下条件： （1）电压等级相同。 （2）工作类型相同。主要是指工作目的、内容、要求和作业方法完全相同的工作，如测量零值绝缘子等。 （3）安全措施相同。主要是指满足安全距离和组合间隙要求、使用同规格的绝缘工具、进出电场的方法相同等。 （4）逐条线路依次进行的作业
6	一个工作负责人同时执行两张及以上工作票，应属于行为违章	国标《安规》（电力线路部分） 5.4.7 一个工作负责人不应同时执行两张及以上工作票	为了确保工作负责人精力集中、监护到位，避免工作负责人将几张工作票的工作任务、时间、地点、安全措施等混淆，工作负责人在同一时间内，只能执行一张工作票

序号	违章内容	《安规》条文对照	防范措施
7	工作人员失去监护在现场进行工作，应属于行为违章	国标《安规》（电力线路部分） 5.7.2　工作负责人、专责监护人应始终在工作现场，对工作班成员进行监护。线路停电工作时，工作负责人在工作班成员确无触电等危险的情况下，可一起参加工作	(1) 专责监护人由工作负责人指定，对工作负责人指定的监护范围和监护对象的安全负责。分组工作时，小组负责人就是本小组的监护人。 (2) 专责监护人不得兼做其他工作，为避免工作期间监护中断，专责监护人临时离开时，应通知被监护人员停止工作或离开工作现场，待其返回后再恢复工作；若其需要长时间离开时，应由工作负责人变更专责监护人，履行变更手续，并告知全体被监护人员。 (3) 线路停电工作时，在班组成员确无触电或高空坠落危险的情况下，工作负责人履行好自己监护职责后，也可参加工作
8	在填写电力线路第一种工作票时，线路名称和工作任务填写不正确、不规范、与实际不符，应属于行为违章		(1) 在填写电力线路第一种工作票时，如果电力线路只有支线停电，必须填写电力线路支线和干线的全部名称。 (2) 在填写电力线路第一种工作票时，填写电力线路支线和干线名称要与实际相符。 (3) 在电力线路干线上工作，填写电力线路第一种工作票时，"工作地点或地段"栏中必须填写该电力线路的名称和工作地段的起、止杆号。 (4) 填写的电力线路第一种工作票"工作地点或地段"栏中的电力线路名称和工作地段起、止杆号要与实际相符。 (5) 在电力线路分支线上工作，填写电力线路第一种工作票时，"工作地点或地段"栏中必须同时填写电力线路干线和分支线的名称

续表

序号	违章内容	《安规》条文对照	防范措施
9	应该组织现场勘察的线路作业，作业单位没有根据工作任务组织现场勘察，应属于行为违章	国标《安规》(电力线路部分) 5.2.1 工作票签发人或工作负责人认为，现场勘察的线路作业，作业单位应根据工作任务组织现场勘察	(1) 电力线路施工作业，如立、撤杆塔，放、紧、撤导（地）线，配电变压器台架安装，调换设备［如柱上断路器（开关）、隔离开关（刀闸）］，以及对线路运行中发生断线、掉线、倒杆塔的事故抢修等，对于复杂、危险性大的作业应安排专人进行现场勘察。 (2) 对于检修作业，如涉及高低压线路混架、交叉跨越、部分停电、安全距离不够、地下设施不清等，也应安排专人进行现场勘察
10	工作班成员未经工作负责人同意擅自进入工作现场，应属于行为违章		
11	工作隔日，工作负责人没有将工作票交回，应属于行为违章		
12	工作隔日，次日工作不经工作许可人同意许可，不重新检查安全措施是否符合工作票要求，就开始工作，应属于行为违章		

序号	违章内容	《安规》条文对照	防范措施
13	工作人员擅自扩大工作范围和工作内容，超出工作票内容，应属于行为违章		
14	工作负责人没有得到工作许可人的许可，就下令工作班成员开始工作，应属于行为违章	**国标《安规》（电力线路部分）** 5.6.1　填用电力线路第一种工作票的工作，工作负责人应在得到全部工作许可人的许可后，方可开始工作	填用电力线路第一种工作票进行工作，考虑到各种不同的工作将涉及多层面的许可，工作负责人应在得到全部工作许可人的许可后，方可开始工作
15	工作许可人没有全面检查线路可能受电的各方面都拉闸停电、装设好接地线，就发出线路停电检修的许可工作命令，应属于行为违章	**国标《安规》（电力线路部分）** 5.6.5　工作许可人应在线路可能受电的各方面都拉闸停电、装设好接地线后，方可发出线路停电检修的许可工作命令	线路停电检修，工作许可人应断开使该线路可能受电的各侧（含变电站、发电厂、环网线路、分支线路、用户线路和配合停电的线路）相应的隔离开关（刀闸）、断路器（开关）等，且确知线路可能受电的各侧都挂好接地线后，方可发出许可工作的命令
16	工作人员有变动时，工作负责人未在工作票上详细注明变动人员姓名、日期及时间，导致工作票所填工作人员与实际到场在工作票上签名的人员姓名、数量均不符，应属于行为违章		

序号	违章内容	《安规》条文对照	防范措施
17	工作负责人长时间离开现场不履行变更手续，应属于行为违章	国标《安规》（电力线路部分） 5.4.9 变更工作班成员或工作负责人时，应履行变更手续	（1）工作期间，工作负责人若因故暂时离开工作现场时，应指定能胜任的人员临时代替。 （2）工作期间，工作负责人若因故暂时离开工作现场时，工作负责人离开前应将工作现场交代清楚，并告知工作班成员。 （3）工作期间，工作负责人若因故暂时离开工作现场回来后，原工作负责人返回工作现场时，也应履行同样的交接手续。 （4）若工作负责人必须长时间离开工作现场时，应由原工作票签发人变更工作负责人，履行变更手续，并告知全体工作人员及工作许可人。原、现工作负责人应做好必要的交接
18	工作负责人在工作前没有向工作班全体成员告知危险点，就下令工作班开始工作，应属于行为违章	国标《安规》（电力线路部分） 5.5.2 工作负责人（监护人）： a）正确、安全地组织工作； b）确认工作票所列安全措施正确、完备，符合现场实际条件，必要时予以补充； c）工作前向工作班全体成员告知危险点，督促、监护工作班成员执行现场安全措施和技术措施	（1）工作许可手续完成后，工作负责人（监护人）应向工作班成员交代工作内容、人员分工、带电部位和现场安全措施、进行危险点告知，并履行确认手续。 （2）装设完工作接地线后，工作班方可开始工作。 （3）工作期间，工作负责人（监护人）应始终在工作现场，对工作班人员的安全进行认真监护，及时纠正不安全的行为。

续表

序号	违章内容	《安规》条文对照	防范措施
18	工作负责人在工作前没有向工作班全体成员告知危险点，就下令工作班开始工作，应属于行为违章	**国标《安规》（电力线路部分）** 5.5.2　工作负责人（监护人）： a）正确、安全地组织工作； b）确认工作票所列安全措施正确、完备，符合现场实际条件，必要时予以补充； c）工作前向工作班全体成员告知危险点，督促、监护工作班成员执行现场安全措施和技术措施	（4）在线路停电时进行工作，工作负责人在班组成员确无触电等危险的条件下，可以参加工作班工作。 （5）工作票签发人或工作负责人对有触电危险、施工复杂容易发生事故的工作，应增设专责监护人和确定被监护的人员
19	工作时间超过工作票有效时间，又未办理延期手续，应属于行为违章	**国标《安规》（电力线路部分）** 5.4.10　电力线路第一种工作票、电力线路第二种工作票和电力线路带电作业工作票的有效时间，以批准的检修计划工作时间为限，延期应办理手续	（1）电力线路第一种工作票涉及线路的停送电时间和变电站的操作，应向工作许可人提出申请。第二种工作票因不需要履行工作许可手续，应向工作票签发人提出申请。 （2）电力线路第一、第二种工作票延期手续一般只能办理一次，如果延期太多，不利于现场作业安全。 （3）电力线路第一、二种工作票延期后在有效时间内不能完成工作，则应先将该工作票办理终结手续后，再重新填用新的工作票，并履行工作许可手续。 （4）带电作业属于危险性较高的工作，对天气和安全措施执行要求较高，且带电作业一般需停用重合闸，将给线路的可靠性带来一定的影响。因此，带电作业工作票不宜延期

序号	违章内容	《安规》条文对照	防范措施
20	工作许可人没有确认工作票所列安全措施正确完备，符合现场条件就向工作负责人发出许可命令，应属于行为违章	**国标《安规》（电力线路部分）** 5.5.3 工作许可人： a) 确认工作票所列安全措施正确完备，符合现场条件； b) 确认线路停、送电和许可工作的命令正确； c) 确认许可的接地等安全措施正确完备	（1）工作许可人应核对检修线路的电源已全部断开，保证线路停电、送电和操作，许可工作的命令正确、无误。 （2）工作许可人应审查工作票接地线的数量是否满足要求、挂设的位置是否正确；确认停电线路的操作接地等安全措施已全部实施完成，并与工作票核对无误后，方可向工作负责人发出许可命令。 （3）工作许可人对工作票所列内容产生疑问，应向工作票签发人询问清楚，必要时要求做出详细补充
21	两天及以上的工作票每天开、收工时，未将开、收工时间填写在工作票上，应属于行为违章		
22	工作负责人在工作地点接地线没有装设完成的情况下，就下令工作班开始工作，应属于行为违章	**国标《安规》（电力线路部分）** 5.7.1 工作许可后，工作负责人、专责监护人应向工作班成员交代工作内容和现场安全措施。装设好现场接地线，工作班成员履行确认手续后方可开始工作	

续表

序号	违章内容	《安规》条文对照	防范措施
23	当工作中突然发生威胁到工作人员安全情况时，工作负责人没有快速下令停止工作，应属于行为违章	**国标《安规》（电力线路部分）** 5.8.1 在工作中遇恶劣气象条件或其他威胁到工作人员安全的情况时，工作负责人或专责监护人可下令临时停止工作	（1）工作中遇到恶劣气象天气时，可根据具体工作的不同内容和性质，对照《安规》相关规定执行。 （2）发生其他威胁工作人员安全的情况时，工作负责人或专责监护人均应果断决定临时停止工作，避免人员伤害、设备损坏。 （3）工作班成员未经工作负责人或专责监护人同意，不得擅自恢复工作
24	工作间断工作班离开工作地点前，没有采取相应安全措施，应属于行为违章	**国标《安规》（电力线路部分）** 5.8.2 工作间断时，工作地点的全部接地线可保留不变。若工作班需暂时离开工作地点，应采取安全措施。恢复工作前，应检查接地线等各项安全措施的完整性	如果工作班须暂时离开工作地点，为了防止人、畜接近挖好的基坑、未竖立稳固的杆塔以及负载的起重和牵引机械装置等，危及人员、设备的安全，可采取以下方面措施： （1）派人进行现场看守。 （2）对作业现场设置安全围栏和警告标志。 （3）未竖立稳固的杆塔以及负载的起重和牵引机械装置等，按相关要求做好临锚（将各类拉线、制动绳等受力绳锁住）、增设后备保护、锁定制动装置等临时安全措施

续表

序号	违章内容	《安规》条文对照	防范措施
25	电力线路约时停、送电，应属于行为违章	**国标《安规》（电力线路部分）** 5.6.6　不应约时停、送电	
26	电力线路工作完工后，工作负责人没有检查线路检修地段的状况，接地线全部拆除后，工作人员再登杆工作。应属于行为违章	**国标《安规》（电力线路部分）** 5.9.1　完工后，工作负责人应检查线路检修地段的状况，确认杆塔、导线、绝缘子串及其他辅助设备上没有遗留全部工作保安线、工具、材料等，确认全部工作人员已从杆塔上撤下后，再下令拆除工作地段所装设的接地线。接地线拆除后，不应再登杆工作	（1）工作完工后，工作负责人（包括小组负责人）应全面检查线路检修地段的状况。 （2）工作负责人确认在杆塔上没有遗留的个人保安线、工具、材料等，查明全部工作人员确由杆塔上撤下后，再命令拆除工作地段所挂的接地线。 （3）工作负责人确认在导线上没有遗留的个人保安线、工具、材料等，查明全部工作人员确由杆塔上撤下后，再命令拆除工作地段所挂的接地线。 （4）工作负责人确认在绝缘子串上没有遗留的个人保安线、工具、材料等，查明全部工作人员确由杆塔上撤下后，再命令拆除工作地段所挂的接地线。 （5）工作负责人确认在辅助设备上没有遗留的个人保安线、工具、材料等，查明全部工作人员确由杆塔上撤下后，再命令拆除工作地段所挂的接地线。 （6）接地线拆除后，应即认为线路带电，不准任何人再登杆进行工作。 （7）多个小组工作，工作负责人应得到所有小组负责人工作结束的汇报。 （8）工作终结后，工作负责人应及时报告工作许可人

续表

序号	违章内容	《安规》条文对照	防范措施
27	工作终结后，工作负责人忘记报告工作许可人，影响线路送电，应属于行为违章	**国标《安规》（电力线路部分）** 5.9.2 工作终结后，工作负责人应及时报告工作许可人，报告方式如下： a) 当面报告； b) 电话报告	（1）采用当面报告时，要有记录，工作负责人和工作许可人双方签字确认，一并办理工作票终结手续。 （2）采用电话报告时，工作负责人应先得到各小组负责人工作结束的报告，并经检查确认无误，且对报告情况进行录音。 （3）若有其他单位配合停电线路，还应及时通知指定的配合停电设备运行管理单位联系人
28	工作许可人没有确认所有工作人员已从线路上撤离，就下令拆除各侧安全措施，恢复送电，应属于行为违章	**国标《安规》（电力线路部分）** 5.9.4 工作许可人在接到所有工作负责人的工作终结报告，并确认全部工作已完毕，所有工作人员已从线路上撤离，接地线已全部拆除，核对无误后，方可下令拆除各侧安全措施，恢复送电	工作许可人许可多个工作班组工作时，应与各工作负责人确认全部工作已经完毕、核对工作票所列人员与工作负责人汇报撤离人员的数量无误、接地线已全部拆除，与记录簿核对无误，做好记录和录音；再向调度值班员进行完工报告（若工作许可人为调度值班员时，该步骤不需执行）；最后由调度值班员下令拆除各侧安全措施，向线路恢复送电
29	工作人员在脚手架上堆积材料超过其承载能力，应属于行为违章		

第三节   线路运行与维护违章

序号	违章内容	《安规》条文对照	防范措施
1	在进行电力线路放线工作时，未事先做好相应的安全措施，应属于行为违章	**国标《安规》（电力线路部分）** 9.6.2 放线、紧线前，应检查导线有无障碍物挂住，导线与牵引绳应可靠连接，线盘架应安放稳固、转动灵活、制动可靠	（1）放线工作均应有专人指挥、统一信号，并做到通信畅通、加强监护。 （2）工作前应检查放线工具及设备良好。 （3）放线前，应搭好可靠的跨越架、封航、封路、在路口设专人持信号旗看守等。 （4）放线前，应检查导线有无障碍物挂住，导线与牵引绳的连接应可靠，线盘架应稳固可靠、转动灵活、制动可靠。 （5）放线时，应检查接线管或接线头以及过滑轮、横担、树枝、房屋等处有无卡住现象。禁止用手直接拉、推导线。 （6）放线时，人员不准站在或跨在已受力的牵引绳、导线的内角侧和展放的导（地）线圈内以及牵引绳或架空线的垂直下方，防止意外跑线时抽伤。 （7）放线工作中使用的跨越架，应使用坚固无伤相对较直的木杆、竹竿、金属管等，且应具有能够承受跨越物质量的能力，否则可双杆合并或单杆加密使用。搭设跨越架应在专人监护下进行

续表

序号	违章内容	《安规》条文对照	防范措施
2	在进行电力线路撤线工作前，未事先做好相应的安全措施，应属于行为违章	**国标《安规》（电力线路部分）** 9.6.3 紧线、撤线前，应检查拉线、桩锚及杆塔位置正确、牢固	（1）撤线工作均应有专人指挥、统一信号，并做到通信畅通、加强监护。 （2）工作前应检查撤线工具及设备良好。 （3）撤线前，应搭好可靠的跨越架、封航、封路、在路口设专人持信号旗看守等。 （4）禁止采用突然剪断导（地）线的做法松线。 （5）撤线时，工作人员不准站在或跨在已受力的牵引绳、导线的内角侧和展放的导（地）线圈内以及牵引绳或架空线的垂直下方，防止意外跑线时抽伤。 （6）撤线前，应检查拉线、桩锚及杆塔。必要时，应加固桩锚或加设临时拉绳。 （7）拆除杆上导线前，应先检查杆根，做好防止倒杆措施，在挖坑前应先绑好拉绳。 （8）撤线工作中使用的跨越架，应使用坚固无伤相对较直的木杆、竹竿、金属管等，且应具有能够承受跨越物质量的能力，否则可双杆合并或单杆加密使用。搭设跨越架应在专人监护下进行
3	在进行电力线路紧线工作时，未事先做好相应的安全措施，应属于行为违章	**国标《安规》（电力线路部分）** 9.6.4 放线、紧线时，应检查接线管或接线头以及过滑轮、横担、树枝、房屋等处无卡压现象	（1）紧线工作应有专人指挥、统一信号，并做到通信畅通、加强监护。 （2）工作前应检查紧线工具及设备良好。 （3）紧线时，人员不准站在或跨在已受力的牵引绳、导线的内角侧和展放的导（地）线圈内以及牵引绳或架空线的垂直下方，防止意外跑线时抽伤。

续表

序号	违章内容	《安规》条文对照	防范措施
3	在进行电力线路紧线工作时，未事先做好相应的安全措施，应属于行为违章	**国标《安规》（电力线路部分）** 9.6.4　放线、紧线时，应检查接线管或接线头以及过滑轮、横担、树枝、房屋等处无卡压现象	（4）紧线时，应检查导线有无障碍物挂住、导线与牵引绳的连接应可靠，线盘架应稳固可靠、转动灵活、制动可靠。 （5）紧线时，应检查接线管或接线头以及过滑轮、横担、树枝、房屋等处有无卡住现象。 （6）紧线时，应检查拉线、桩锚及杆塔。必要时，应加固桩锚或加设临时拉绳
4	工作人员组立杆塔前未按规定采取防倒杆塔措施，应属于行为违章		（1）立杆应设专人统一指挥。 （2）在居民区和交通道路附近立杆时，应具备相应的交通组织方案，并设警戒范围或警告标志，必要时派专人看守。 （3）立杆应使用合格的起重设备，禁止过载使用。 （4）立杆塔过程中基坑内禁止有人工作。 （5）利用已有杆塔立杆，应先检查杆塔根部及拉线和杆塔的强度，必要时增设临时拉线或其他补强措施。 （6）使用吊车立杆时，钢丝绳套应挂在电杆的适当位置以防止电杆突然倾倒。 （7）整体立杆塔前应进行全面检查，各受力、连接部位全部合格方可起吊。 （8）立杆塔过程中，吊件垂直下方、受力钢丝绳的内角侧禁止有人。 （9）使用抱杆立杆时，主牵引绳、尾绳、杆塔中心及抱杆顶应在一条直线上

续表

序号	违章内容	《安规》条文对照	防范措施
5	工作人员在撤杆前未按规定采取防倒杆措施，采取突然剪断导线、接地线、拉线等方法撤杆，应属于行为违章	国标《安规》（电力线路部分） 9.5.4　使用抱杆立、撤杆时，抱杆下部应固定牢固，顶部应设临时拉线控制，临时拉线应均匀调节	（1）撤杆应设专人统一指挥。 （2）在居民区和交通道路附近撤杆时，应具备相应的交通组织方案，并设警戒范围或警告标志，必要时派专人看守。 （3）撤杆应使用合格的起重设备，禁止过载使用。 （4）撤杆塔过程中基坑内禁止有人工作。 （5）利用已有杆撤杆，应先检查杆根部及拉线和杆的强度，必要时增设临时拉线或其他补强措施。 （6）使用吊车撤杆时，钢丝绳套应挂在电杆的适当位置以防止电杆突然倾倒。 （7）整体撤杆前应进行全面检查，各受力、连接部位全部合格方可起吊。 （8）撤杆过程中，吊件垂直下方、受力钢丝绳的内角侧禁止有人。 （9）使用抱杆撤杆时，主牵引绳、尾绳、杆中心及抱杆顶应在一条直线上
6	从事挖深沟、挖深坑作业时，不设安全标志，应属于行为违章		（1）从事挖深沟、挖深坑作业时，四周应设立安全警戒线。 （2）夜间从事挖深沟、挖深坑作业时，应设立警告指示红灯

181

续表

序号	违章内容	《安规》条文对照	防范措施
7	工作人员在只断开断路器而未断开隔离开关的设备上工作，应属于行为违章	**国标《安规》（电力线路部分）** 6.2.2 停电设备的各端应有明显的断开点，或应能反映设备运行状态的电气和机械等指示，不应在只经断路器断开电源的设备上工作	（1）停电设备的各端应有明显的断开点，即可见的电气断开点，如隔离开关（刀闸）。 （2）工作人员不应在只经断路器（开关）断开电源的线路上工作，必须同时断开隔离开关（刀闸）。 （3）对于系统中使用的铠装组合式电气设备和箱式配电设备，当设备断开点无法直接观察到，为准确地判断停电操作结果，可通过安装在设备上的电气和机械指示来确认，判别时可以按照间接验电方法进行。 （4）对配电系统中只有机械指示等单信号源的设备，如柱上断路器（开关），应在操作前后采用直接验电的方式补充确认
8	电力电缆接地前，工作人员未对电力电缆进行逐一充分放电，应属于行为违章	**国标《安规》（电力线路部分）** 6.4.3 线路经验明确无电压后，应立即装设接地线并三相短路。电缆接地前，应逐相充分放电	（1）停电后，电力电缆仍有较多的剩余电荷，工作人员应对电力电缆进行逐一充分放电后再短路接地。 （2）工作票中应注明"应对电力电缆进行逐一充分放电后再短路接地"
9	工作人员上杆作业前没有进行检查，当登杆出现问题时，没有采取必须的安全措施就登杆，应属于行为违章		（1）工作人员上杆作业前必须对电杆进行全面检查，发现问题必须采取措施。 （2）当电杆基础冲刷严重，工作人员必须培土加固后方可上杆作业。 （3）当电杆倾斜严重时，工作人员必须支好叉杆后方可上杆作业。 （4）当电杆基础起土时，工作人员必须培土加固后方可上杆作业

续表

序号	违章内容	《安规》条文对照	防范措施
10	立、撤杆塔过程中，吊件垂直下方、受力钢丝绳的内角侧有人，应属于行为违章	**国标《安规》（电力线路部分）** 9.5.5 整体立、撤杆塔前，应检查各受力和连接部位全部合格方可起吊。立、撤杆塔过程中，吊件垂直下方、受力钢丝绳的内角侧不应有人	
11	顶杆及叉杆使用于竖立 8m 以上的拔梢杆，应属于行为违章	**国标《安规》（电力线路部分）** 9.5.2 顶杆及叉杆只能用于竖立 8m 以下的拔梢杆	
12	工作人员在梯子上进行工作，没有采取必要的安全措施，应属于行为违章		(1) 工作人员在梯子上进行工作时，下面必须有人全过程始终扶着梯子。 (2) 工作人员将梯子架设在稳定的支持物上进行工作。 (3) 工作人员登高的梯子必须采取防滑措施。 (4) 工作人员在梯子上工作时严禁移动梯子。 (5) 严禁两个及以上工作人员同在一个梯子上工作。 (6) 工作人员在使用梯子登高时，梯子放置不能太坡，不得影响工作人员正常攀登。 (7) 工作人员在使用梯子登高时，梯子放置不能太陡，不得影响工作人员正常攀登。 (8) 工作人员在梯子上进行工作时，下面必须有监护人全过程监护

序号	违章内容	《安规》条文对照	防范措施
13	工作人员使用的安全带或安全绳未扎在牢固的架构上，未低挂高用，应属于行为违章		
14	工作人员在杆上工作时，进行与工作无关的事情，应属于行为违章		工作人员在杆上工作时，严禁拨打手机电话、严禁接听手机电话、严禁与杆下人员闲聊、严禁吸烟、严禁喝水吃东西
15	工作人员在杆上工作时，造成杆上使用的工器具脱落，应属于行为违章		
16	线路上的柱上配电设备在拉开设备后一侧有电，另一侧无电，此配电设备没有视为带电设备，应属于行为违章		(1) 线路上的柱上断路器在拉开后一侧有电，另一侧无电，此断路器必须视为带电设备，必须将其停电接地、做好安全措施后方可开工。 (2) 线路上的柱上开关在拉开后一侧有电，另一侧无电，此开关必须视为带电设备，必须将其停电接地、做好安全措施后方可开工。 (3) 线路上的柱上隔离开关在拉开后一侧有电，另一侧无电，此隔离开关必须视为带电设备，必须将其停电接地、做好安全措施后方可开工。 (4) 线路上的柱上跌落熔断器在拉开后一侧有电，另一侧无电，此跌落熔断器必须视为带电设备，必须将其停电接地、做好安全措施后方可开工

序号	违章内容	《安规》条文对照	防范措施
17	工作人员在工作现场设置的围栏错误，应属于行为违章		
18	工作人员在工作现场设置的标示牌错误，应属于行为违章		
19	对于危及线路停电作业的交叉跨越线路，没有采取相应安全措施，应属于行为违章		对于危及线路停电作业的交叉跨越线路，如果不能采取相应安全措施，必须将该线路的断路器（开关）、隔离开关和熔断器全部断开
20	电力线路检修、安装时，工作人员在停电线路上攀爬合成绝缘子，应属于行为违章		
21	风力大于5级时工作人员在线路上工作，应属于行为违章	国标《安规》（电力线路部分） 8.2.2　风力大于5级时应停止工作	
22	工作人员登杆塔前不核对停电检修线路的杆号和双重名称，应属于行为违章	国标《安规》（电力线路部分） 8.1.2　登杆作业时，应核对线路名称和杆号	（1）工作人员登杆塔前应核对停电检修线路的识别标记和双重名称无误后，方可攀登。 （2）工作人员登杆塔至横担处时，应再次核对停电线路的识别标记与双重号，确实无误后方可进入停电线路侧横担

序号	违章内容	《安规》条文对照	防范措施
23	工作人员在杆塔上卷绕或放开绑线，应属于行为违章		（1）工作人员要将绑线在杆塔下面绕成小盘再带上杆塔使用。 （2）工作人员登杆后禁止在杆塔上卷绕或放开绑线
24	风力大于5级时，工作人员没有停止在同杆塔多回线路中进行部分线路检修工作，应属于行为违章	国标《安规》（电力线路部分） 8.4.2 风力大于5级时，不应在同杆塔多回线路中进行部分线路检修工作及直流单极线路检修工作	
25	对于同杆塔多回路带电线路，工作前没有根据每基杆塔标设的线路名称和识别标记发给工作人员相对应线路的识别标记，应属于行为违章	国标《安规》（电力线路部分） 8.4.3 防止误登同杆塔多回路带电线路或直流线路有电极，应采取以下措施： a）每基杆塔应标设线路名称和识别标记（色标等）； b）工作前应发给工作人员相对应线路的识别标记； c）经核对停电检修线路的识别标记和线路名称无误，验明线路确已停电并装设接地线后，方可开始工作； d）登杆塔和在杆塔上工作时，每基杆塔都应设专人监护； e）登杆塔至横担处时，应再次核对识别标记与双重称号，确实无误后方可进入检修线路侧横担	

序号	违章内容	《安规》条文对照	防范措施
26	在杆塔上工作时，工作人员在该带电侧横担上放置物件，应属于行为违章	**国标《安规》（电力线路部分）** 8.4.4　在杆塔上工作时，不应进入带电侧的横担，或在该侧横担上放置任何物件	
27	同杆塔架设的多层电力线路拆除接地线时，操作顺序不正确，应属于行为违章		（1）同杆塔架设的多层电力线路拆除接地线时，应先拆除高压侧接地线，后拆除低压侧接地线。 （2）同杆塔架设的多层电力线路拆除接地线时，应先拆除上层接地线，后拆除下层接地线。 （3）同杆塔架设的多层电力线路拆除接地线时，应先拆除远侧接地线，后拆除近侧接地线
28	同杆塔架设的多层电力线路挂接地线时，操作顺序不正确，应属于行为违章		（1）同杆塔架设的多层电力线路挂接地线时，应先挂低压侧接地线、后挂高压侧接地线。 （2）同杆塔架设的多层电力线路挂接地线时，先挂下层接地线、后挂上层接地线。 （3）同杆塔架设的多层电力线路挂接地线时，先挂近侧接地线、后挂远侧接地线
29	由于交叉跨越的电力线路不能停电，所以必须在电力线路工作地段内装设接地线，如果没有按照工作票要求装设接地线，应属于行为违章		

序号	违章内容	《安规》条文对照	防范措施
30	在停电的电力线路上工作，对有可能送电到停电线路的分支线，没有在分支线上装设接地线，应属于行为违章		
31	为配合停电的电力线路，在工作地点附近应该装设的接地线没有装设，应属于行为违章		
32	对于无接地引下线的杆塔，采用临时接地不正确，应属于行为违章		（1）对于无接地引下线的杆塔，可采用临时接地体。 （2）工作人员在装设临时接地线时，临时接地线的接地棒插入深度大于0.6m。 （3）工作人员在装设临时接地线时，接地体的截面积不准小于190mm²（如ϕ16圆钢）。 （4）对于土壤电阻率较高地区，如岩石、瓦砾、沙土等，应采取增加接地体根数、长度、截面积或埋地深度等措施改善接地电阻
33	对于停电检修线路上可能有感应电压的，没有使用个人保安线，应属于行为违章		（1）工作地段如有邻近线路，为防止停电检修线路上感应电压伤人，在需要接触或接近导线工作时，应使用个人保安线。 （2）工作地段如有平行线路，为防止停电检修线路上感应电压伤人，在需要接触或接近导线工作时，应使用个人保安线。

序号	违章内容	《安规》条文对照	防范措施
33	对于停电检修线路上可能有感应电压的，没有使用个人保安线，应属于行为违章		（3）工作地段如有交叉跨越线路，为防止停电检修线路上感应电压伤人，在需要接触或接近导线工作时，应使用个人保安线。 （4）工作地段如有同杆架设线路，为防止停电检修线路上感应电压伤人，在需要接触或接近导线工作时，应使用个人保安线
34	工作人员在装、拆个人保安线时，操作顺序错误，应属于行为违章		（1）个人保安线应在工作人员杆塔上接触导线的作业开始前挂接。 （2）个人保安线应在工作人员杆塔上接近导线的作业开始前挂接。 （3）作业结束脱离导线后由工作人员拆除个人保安线。 （4）工作人员装设个人保安线时，应先接接地端，后接导线端，且接触良好，连接可靠。 （5）工作人员拆除个人保安线时，应先拆除导线端，后拆除接地端。 （6）个人保安线由工作人员负责自行装、拆
35	个人保安线出现漏拆，应属于行为违章	**国标《安规》（电力线路部分）** 6.4.16　个人保安线应在接触或接近导线前装设，作业结束，人员脱离导线后拆除	（1）在杆塔上需要接触或接近导线的作业开始前，为确保形成一个等地电位的作业保护区域，应泄导工作地段的感应电荷，且由工作人员挂接个人保安线。 （2）作业结束脱离导线后，由装设人员拆除个人保安线。 （3）作业过程中，工作人员不得失去接地保护。 （4）个人保安线由工作人员自行负责装、拆，以明确责任，防止漏装、漏拆

续表

序号	违章内容	《安规》条文对照	防范措施
36	使用的个人保安线不符合标准要求，应属于行为违章	**国标《安规》（电力线路部分）** 6.4.17 个人保安线应使用有透明护套的多股软铜线，截面积不应小于 $16mm^2$，并有绝缘手柄或绝缘部件。不应用个人保安线代替接地线	（1）工作人员现场使用的个人保安线应使用有透明护套的多股软铜线，截面积不准小于 $16mm^2$。 （2）工作人员现场使用的个人保安线应带有绝缘手柄。 （3）工作人员现场使用的个人保安线应带有绝缘部件。 （4）禁止用接地线代替个人保安线使用
37	工作人员装设的接地线位置与电力线路工作票上的填写的位置不符，应属于行为违章		（1）禁止工作人员擅自变更工作票中指定的接地线位置。 （2）如需变更，应由工作负责人征得工作票签发人同意，并在工作票上注明变更情况
38	杆塔上有人工作时，线下工作人员就开始拆除拉线，应属于行为违章	**国标《安规》（电力线路部分）** 9.5.7 杆塔上有人工作时，不应调整或拆除拉线	（1）工作人员在电力线路杆塔上工作期间，线下工作人员禁止调整拉线。 （2）工作人员在电力线路杆塔上工作期间，线下工作人员禁止拆除拉线。 （3）工作人员在电力线路杆塔上工作期间，线下工作人员禁止处理拉线缺陷。 （4）临时拉线应在永久拉线全部安装完毕并承力后方可拆除。 （5）拆除检修杆塔受力构件时，应事先采取补强措施

续表

序号	违章内容	《安规》条文对照	防范措施
39	工作人员没有验电就装设接地线，应属于行为违章	**国标《安规》（电力线路部分）** 6.3.1　在线路上装设接地线前，应在接地部位验明线路确无电压	电力线路停电检修装设接地线前，在装设接地线处对线路的三相分别验电，检验设备确已停电，方可装设接地线
40	对于高压与低压同杆塔架设的多层线路，工作人员在验电时先验高压、后验低压，应属于行为违章	**国标《安规》（电力线路部分）** 6.3.4　对同杆塔架设的多层、同一横担多回线路验电时，应先验低压、后验高压，先验下层、后验上层，先验近侧、后验远侧	（1）禁止工作人员穿越未经验电、接地的10kV及以下线路对上层线路进行验电。 （2）由于10kV及以下线路的相间距离较小，工作人员穿越未验电、接地的10kV线路时存在人身触电的危险。因此，10kV及以下电压等级的带电线路禁止穿越。 （3）线路的验电应逐相（直流线路逐极）进行。逐相验电可防止由于断路器（开关）不能将三相可靠断开导致线路带电，或由于线路平行、邻近、交叉跨越时可能出现导线碰触，造成线路一相或三相带电
41	工作人员只对线路中联络断路器一侧验电装设接地线，应属于行为违章	**国标《安规》（电力线路部分）** 6.3.5　线路中联络用的断路器、隔离开关或其组合进行检修时，应在其两侧分别验电	
42	工作人员装设接地线时没有监护人监护，单人进行操作，应属于行为违章	**国标《安规》（电力线路部分）** 6.4.1　装设接地线不宜单人进行	

续表

序号	违章内容	《安规》条文对照	防范措施
43	装设接地线时工作人员的手臂碰触到未接地的导线，应属于行为违章	**国标《安规》（电力线路部分）** 6.4.2　人体不应碰触未接地的导线	
44	电缆接地前，工作人员没有逐相对电缆充分放电，应属于行为违章	**国标《安规》（电力线路部分）** 6.4.3　线路经验明确无电压后，应立即装设接地线并三相短路。电缆接地前，应逐相充分放电	
45	工作人员在装设、拆除接地线时，不使用绝缘棒或绝缘绳，应属于行为违章	**国标《安规》（电力线路部分）** 6.4.4　装、拆接地线导体端时均应使用绝缘棒或专用的绝缘绳，人体不应碰触接地线	（1）工作人员在装设、拆除接地线时，应使用绝缘棒进行操作。 （2）工作人员在装设、拆除接地线时，应使用专用的绝缘绳。 （3）工作人员在装设、拆除接地线时，人体不应碰触接地线，监护人应提醒操作人员接地线与人身保持一定距离
46	装设接地线时工作人员用缠绕的方法进行接地，应属于行为违章	**国标《安规》（电力线路部分）** 6.4.5　不应用缠绕的方法进行接地或短路	（1）接地线应使用专用的线夹固定在导体上，禁止用缠绕的方法进行接地或短路。 （2）禁止用个人保安线代替接地线。 （3）接地线应接触良好、连接应可靠。 （4）装设、拆除接地线应采用专用线夹，工作人员在装设接地线时应保证接地线与导体和接地装置接触良好、拆装方便，且有足够的机械强度，并在大短路电流通过时不致松动

续表

序号	违章内容	《安规》条文对照	防范措施
47	工作人员在装设个人保安线时，先装导线端，后装接地端，应属于行为违章	**国标《安规》（电力线路部分）** 6.4.7 装设接地线、个人保安线时，应先装接地端，后装导线端。拆除接地线的顺序与此相反	(1) 装设接地线、个人保安线时，工作人员应先装接地端，后装导线端。 (2) 拆除接地线、个人保安线时，工作人员应先拆导线端，后拆接地端。 (3) 装拆接地线的整个过程中，应确保接地线、个人保安线始终处于安全的"地电位"状态
48	工作人员在现场采用临时接地体时，临时接地体埋深远远小于 0.6m，应属于行为违章	**国标《安规》（电力线路部分）** 6.4.10 无接地引下线的杆塔装设接地线时，可采用临时接地体。临时接地体的截面积不应小于 190mm²。临时接地体埋深不应小于 0.6m。土壤电阻率较高的地方应采取措施改善接地电阻	(1) 当土壤电阻率过高时，可采取增加临时接地体与土壤接触面积等措施来提高电流泄放速度。 (2) 临时接地体的接地深度应考虑到接地电阻和牢固程度，接地体深度超过 0.6m，电阻下降不太明显；接地体埋深小于 0.6m，接地电阻就明显增加，所以埋深不应小于 0.6m
49	工作中，工作人员没有事先在两侧装设接地线，就将耐张杆塔引线断开，应属于行为违章	**国标《安规》（电力线路部分）** 6.4.12 工作中，需要断开耐张杆塔引线（连接线）或拉断路器、隔离开关时，应先在其两侧装设接地线	
50	对于高压与低压同杆塔架设的多层线路，工作人员装设接地线时先装高压、后装低压，应属于行为违章	**国标《安规》（电力线路部分）** 6.4.13 同杆塔架设的多回线路上装设接地线时，应先装低压、后装高压，先装下层、后装上层，先装近侧、后装远侧。拆除时次序相反	多回线路同杆架设，在装拆接地线的操作中，验明线路无电时应立即按操作过程中工作人员与导线接近、接触的先后顺序，即先低后高和先下后上的导线排列位置、先近后远的工作人员与导线之间的关系来装设接地线，防止装设中发生突然来电或感应电而造成工作人员触电

193

续表

序号	违章内容	《安规》条文对照	防范措施
51	对于工作地段有邻近、平行、交叉跨越及同杆塔线路，需要接触或接近停电线路的导线工作时，工作人员没有使用个人保安线，应属于行为违章	**国标《安规》（电力线路部分）** 6.4.15 工作地段有邻近、平行、交叉跨越及同杆塔线路，需要接触或接近停电线路的导线工作时，应使用个人保安线	（1）为防止感应电对工作人员造成触电伤害，工作中需要接触或接近导线前应先装设个人保安线。 （2）110kV（66kV）及以上电压等级线路由于线间距离相对较大，作业中难以同时接触相邻相，个人保安线可使用单相式。 （3）35kV 及以下线路由于相间距离比较小，作业过程中容易接近或碰触两相或者三相导线，个人保安线应使用三相式
52	工作人员没有在停电线路两端装设接地线就登杆工作，应属于行为违章		
53	作业没有结束，工作人员在脱离导线前，工作人员就拆除了个人保安线，应属于行为违章	**国标《安规》（电力线路部分）** 6.4.16 个人保安线应在接触或接近导线前装设，作业结束，人员脱离导线后拆除	（1）在杆塔上需要接触或接近导线的作业开始前，为确保形成一个等地电位的作业保护区域，应泄放工作地段的感应电荷，必须由工作人员挂接个人保安线。 （2）作业结束脱离导线后，由装设人员拆除个人保安线。 （3）作业过程中，工作人员不得失去接地保护。 （4）个人保安线由工作人员自行负责装、拆，以明确责任，防止漏装、漏拆

序号	违章内容	《安规》条文对照	防范措施
54	在施工现场，模板不满足安全文明施工要求，应属于行为违章		(1) 在施工现场，模板拆除区域应设警戒线。 (2) 在施工现场，不能留有未拆除的悬空模板。 (3) 在施工现场，应清除掉木模板上的外露钉子。 (4) 在施工现场，模板堆放不得过高，防止模板倒塌伤人。 (5) 在施工现场，模板堆放应整齐，要符合安全文明施工要求
55	在流砂坑、流泥坑开挖前，工作人员没有采取可靠安全措施，应属于行为违章		(1) 在流砂坑开挖前，工作人员必须设置可靠挡土板，符合要求后方能开挖。 (2) 在流泥坑开挖前，工作人员必须设置可靠挡土板，符合要求后方能开挖
56	现场施工中，脚手架搭设不符合标准要求，应属于行为违章		(1) 工作人员在现场施工中，脚手架搭设应牢固合格。 (2) 工作人员在施工中，脚手架搭设要规范，符合标准要求。 (3) 工作人员在施工中，脚手架材质必须符合规程要求。 (4) 脚手架搭设后，没有挂牌不得投入使用。 (5) 脚手架搭设后，未经验收签证不得投入使用。 (6) 脚手架搭设后，脚手架必须提供施工人员上下的斜道

序号	违章内容	《安规》条文对照	防范措施
56	现场施工中，脚手架搭设不符合标准要求，应属于行为违章		(7) 脚手架搭设后，脚手架必须提供施工人员上下的爬梯。 (8) 脚手架作业面应设有防护栏杆。 (9) 脚手架作业面应设有挡脚板。 (10) 脚手架拆除区域要设警戒。 (11) 特殊脚手架必须经过设计审批方可使用
57	施工现场作业面上的脚手板未满铺并固定，应属于行为违章		(1) 施工现场作业面上的脚手板必须满铺。 (2) 施工现场作业面上的脚手板必须固定。 (3) 施工现场斜道上的脚手板必须满铺。 (4) 施工现场斜道上的脚手板必须固定。 (5) 施工现场作业面上损坏的脚手板必须立即更换。 (6) 施工现场斜道上损坏的脚手板必须立即更换
58	工作人员攀登杆塔作业前，不检查杆塔基础和拉线否牢固就攀登，应属于行为违章		(1) 工作人员攀登杆塔作业前，应先检查杆塔根部是否牢固。 (2) 工作人员攀登杆塔作业前，应先检查杆塔基础否牢固。 (3) 工作人员攀登杆塔作业前，应先检查杆塔拉线是否牢固。 (4) 新立杆塔在杆基未完全牢固前，禁止工作人员攀登。

续表

序号	违章内容	《安规》条文对照	防范措施
58	工作人员攀登杆塔作业前，不检查杆塔基础和拉线否牢固就攀登，应属于行为违章		（5）新立杆塔在杆塔未做好临时拉线前，禁止工作人员攀登。 （6）遇有冲刷、起土、上拔的杆塔，应先培土加固，再行登杆。 （7）遇有导（地）线、拉线松动的杆塔，必须先打好临时拉线或支好架杆后，再行登杆
59	工作人员攀登杆塔作业前，不检查登高工具、设施是否完整牢靠就随意攀登，应属于行为违章		登杆塔前，工作人员应先检查脚扣、升降板、安全带、梯子、脚钉、爬梯、防坠装置完整牢靠，方可登杆
60	工作人员在相分裂导线上工作时，安全带、绳应没有挂在同一根子导线上，应属于行为违章		（1）工作人员在相分裂导线上工作时，安全带、绳应挂在同一根子导线上。 （2）工作人员在相分裂导线上工作时，后备保护绳应挂在整组相导线上
61	立、撤杆，没有交代施工安全、组织、技术措施就开工，应属于行为违章		（1）立、撤杆应专人统一指挥。 （2）开工前，应交代施工方法、指挥信号和安全组织、技术措施。 （3）工作人员要明确分工，密切配合、服从指挥。 （4）在居民区和交通道路附近立、撤杆时，应具备相应的交通组织方案，并设警戒范围或警告标志，必要时派专人看守
62	在交通道口使用软跨时，施工地段两侧没有设立交通警示标示牌，应属于行为违章		

序号	违章内容	《安规》条文对照	防范措施
63	不按照规定进行杆塔分段、分片吊装，应属于行为违章		（1）杆塔分段吊装时，上下段连接牢固后，方可继续进行吊装工作。 （2）分段分片吊装时，应将各主要受力材连接牢固后，方可继续施工
64	输电线路跨越高速公路时，跨越架未按安全工作规程要求进行搭设，应属于行为违章		输电线路跨越高速公路时： （1）必须按《安规》要求搭设跨越架。 （2）搭设的跨越架必须通过验收合格方可使用，每次使用前检查合格后方可使用。 （3）搭设的跨越架应按照《安规》要求进行挂牌。 （4）搭设的跨越架当遇到暴雨过后应对跨越架进行再次检查。 （5）搭设的跨越架当遇到强风过后应对跨越架进行再次检查
65	输电线路跨越公路时，跨越架未按安全工作规程要求进行搭设，应属于行为违章		输电线路跨越公路时： （1）必须按《安规》要求搭设跨越架。 （2）搭设的跨越架必须通过验收合格方可使用，每次使用前检查合格后方可使用。 （3）搭设的跨越架应按照《安规》要求进行挂牌。 （4）搭设的跨越架当遇到暴雨过后应对跨越架进行再次检查。 （5）搭设的跨越架当遇到强风过后应对跨越架进行再次检查。 （6）在路口设专人持信号旗看守

第四节　线路巡视违章

序号	违章内容	《安规》条文对照	防范措施
1	巡视电缆隧道的工作应由两人进行，如果只有一人巡视电缆隧道，应属于行为违章		
2	对于偏僻山区的电力线路巡视应由两人进行，如果只有一人对偏僻山区进行巡视，应属于行为违章		
3	在夜间巡视电力线路由单人进行，应属于行为违章		
4	当发生灾害时，如果确需巡视电力线路，工作人员在没有制定必要的安全措施的情况下进行巡视，应属于行为违章		遇有火灾、地震、台风、冰雪、洪水、沙尘暴、泥石流发生时，如需对线路进行巡视，应制订必要的安全措施，并得到设备运行管理单位分管领导批准。巡视应至少两人一组，并与派出部门之间保持通信联络
5	单人巡视电力线路时，巡视人员攀登电杆和铁塔，应属于行为违章	国标《安规》（电力线路部分） 7.2.1　单人巡线时，不应攀登杆塔	
6	雷雨、大风天气以及事故巡视电力线路，巡视人员不穿绝缘鞋，不穿绝缘靴，应属于行为违章		（1）雷雨天气巡视人员应穿绝缘鞋或绝缘靴。 （2）大风天气巡视人员应穿绝缘鞋或绝缘靴。 （3）事故巡视时，巡视人员应穿绝缘鞋或绝缘靴

续表

序号	违章内容	《安规》条文对照	防范措施
7	巡视人员在夜间巡视电力线路时没有采取必要的安全措施，应属于行为违章		（1）巡视人员在夜间巡视电力线路时必须携带足够的照明工具。 （2）巡视人员在夜间巡视电力线路时应该沿线路外侧进行
8	遇有恶劣天气时，巡视人员没有配备必需品就开始巡视电力线路，应属于行为违章	国标《安规》（电力线路部分） 7.2.2 恶劣气象条件下巡线和事故巡线时，应依据实际情况配备必要的防护用具、自救器具和药品	遇有汛期、暑天、雪天等恶劣天气时，巡视人员必须配备必要的防护用具、自救器具、药品后方可开始巡视电力线路
9	巡视人员在山区巡视时没有配备必需品就开始巡视电力线路，应属于行为违章		在山区巡视时，巡视人员必须配备必要的防护用具、自救器具、药品后方可开始巡视电力线路
10	巡视人员夜间巡视电力线路时没有沿线路外侧进行，应属于行为违章	国标《安规》（电力线路部分） 7.2.3 夜间巡线应沿线路外侧进行	夜间巡视，为了确保巡视人员能够看清巡视道路及周围环境，及时发现线路各连接点发热、绝缘子污秽泄漏放电等隐患和异常现象，应携带足够的照明灯具，并确保足够的照明时间和强度
11	在大风天气，巡视人员巡视电力线路时没有沿线路上风侧前进，应属于行为违章	国标《安规》（电力线路部分） 7.2.4 大风时，巡线宜沿线路上风侧进行	

续表

序号	违章内容	《安规》条文对照	防范措施
12	当电力线路发生事故时，巡视人员认为该线路已经跳闸停电就登杆进行检查，应属于行为违章	**国标《安规》（电力线路部分）** 7.2.5　事故巡线应始终认为线路带电	事故巡线时，在小电流接地系统中，单相断线接地、断线悬挂在空中或导线为绝缘导线，均可能不会跳闸，形成线路带电，此外巡视人员即使明知该线路已停电，但因随时有强送电或试送电的可能，故应始终认为线路带电，人体与导线应始终保持足够的安全距离
13	巡视人员发现电力线路导线、绝缘导线断落后，没有采取安全措施，应属于行为违章		（1）巡视人员发现电力线路导线断落地面、绝缘导线断落地面，没有采取措施防止行人靠近断线地点 8m 以内。 （2）巡视人员发现电力线路导线断落悬挂空中、绝缘导线断落悬挂空中，没有采取措施防止行人靠近断线地点 8m 以内
14	巡视人员巡视检查配电设备时，不按照规定要求进行，应属于行为违章		（1）巡视人员巡视检查配电设备时，严禁越过遮栏。 （2）巡视人员巡视检查配电设备时，严禁越过围栏。 （3）巡视人员进出配电设备室时，必须随手关门。 （4）巡视人员巡视箱变时，必须随手关门。 （5）巡视人员巡视完配电设备室设备后，必须将配电设备室上锁。

序号	违章内容	《安规》条文对照	防范措施
14	巡视人员巡视检查配电设备时，不按照规定要求进行，应属于行为违章		（6）巡视人员巡视完配电箱设备后，必须将配电箱上锁。 （7）单人巡视配电设备时，严禁私自打开配电设备柜门用手触摸带电设备。 （8）单人巡视配电设备时，严禁私自打开配电设备箱盖
15	在测量避雷器接地电阻时，工作人员解开或恢复避雷器的接地引线时，没有戴绝缘手套应属于行为违章	**国标《安规》（电力线路部分）** 7.4.1 测量杆塔、配电变压器和避雷器的接地电阻，可在线路和设备带电的情况下进行。解开或恢复配电变压器和避雷器的接地引线时，应戴绝缘手套。不应直接接触与地电位断开的接地引线	
16	在失去监护的情况下，在配电设备上进行测量工作，应属于行为违章		（1）直接接触配电设备的电气测量工作，必须由两人进行，一人操作，一人监护。 （2）测量人员必须戴绝缘手套，穿绝缘靴，戴安全帽。 （3）使用的测量工器具必须合格好用且没有损坏
17	工作人员夜间进行测量工作，没有足够的照明，应属于行为违章		

序号	违章内容	《安规》条文对照	防范措施
18	工作人员测量线路绝缘电阻，若有感应电压，没有将相关线路同时停电，应属于行为违章	国标《安规》（电力线路部分） 7.4.4　测量线路绝缘电阻，若有感应电压，应将相关线路同时停电，取得许可，通知对侧后方可进行	在同杆架设的双回路、多回路或与其他线路有平行、交叉而产生感应电压的线路上测量绝缘时，为保证测量人员的人身安全和不损坏绝缘电阻表，应将相关线路停电。取得许可，通知对侧后方可进行。测量工作结束后，及时报告值班调控人员或设备运行管理单位
19	工作人员直接接触与地断开的接地线，应属于行为违章		
20	工作人员用钳形电流表测量配电变压器低压侧电流时，误碰其他带电部分，应属于行为违章	国标《安规》（电力线路部分） 7.4.2　用钳形电流表测量线路或配电变压器低压侧的电流时，不应触及其他带电部分	
21	工作人员测量设备绝缘电阻，虽将被测量设备各侧断开，但没有验明无电压，就开始测量应属于行为违章	国标《安规》（电力线路部分） 7.4.3　测量设备绝缘电阻，应将被测量设备各侧断开，验明无电压，确认设备上无人，方可进行。在测量中不应让他人接近被测量设备。测量前后，应将被测设备对地放电	

序号	违章内容	《安规》条文对照	防范措施
22	砍剪靠近带电线路的树木时，当发现树枝接近高压带电导线工作人员没有将高压线路停电就开始砍剪，应属于行为违章	**国标《安规》（电力线路部分）** 7.5.2 树枝接触或接近高压带电导线时，应将高压线路停电或用绝缘工具使树枝远离带电导线，之前人体不应接触树木	（1）当树枝接触高压带电导线时，工作人员应将高压线路停电后，方可进行砍剪。 （2）高压线路不停电，禁止人体接触树木，并离开树木至少 8m 以外（防止跨步电压伤人）。 （3）砍剪靠近带电线路的树木时，应设法防止其他行人靠近。 （4）当树枝接近高压带电导线时，应采用绝缘工具使树枝远离带电导线至安全距离后，方可进行砍剪。 （5）若采用绝缘工具无法保证树枝与带电导线有足够的安全距离时，应将线路停电后方可进行砍剪
23	安全措施没有到位的情况下，工作人员就上树砍剪树木，应属于行为违章		（1）工作人员上树砍剪树木时，攀抓脆弱和枯死的树枝前，必须系好安全带。 （2）工作人员上树砍剪树木时，安全带严禁系在待砍剪树枝的断口附近。 （3）工作人员上树砍剪树木时，已经锯过的且未断树枝严禁攀登。 （4）工作人员上树砍剪树木时，已经砍过的且未断树枝严禁攀登。 （5）在线路带电情况下，砍剪靠近带电线路的树木时，工作负责人在工作开始前，必须向全体工作人员说明电力线路有电，且工作人员都清楚后，方可开工作业。 （6）工作人员在砍剪树木时，必须设专人监护

第五节 电气操作违章

序号	违章内容	《安规》条文对照	防范措施
1	对于操作人员、监护人员没有使用操作票进行电气操作属于无票作业，电气操作结束后，由操作人员、监护人员补填操作票也属于行为违章		(1) 受令人接到值班调控人员正式发布的操作预令后，应做好记录。 (2) 操作人员应根据操作预令填写操作票。 (3) 操作前必须使用经事先审核合格的操作票。 (4) 没有值班调控人员正式发布的操作指令，受令人严禁向操作人员下达进行操作的指令。 (5) 对于没有操作指令，操作人员就私自开始操作，监护人必须立即进行制止。 (6) 配电设备使用的操作票应由供电公司（发电厂）统一编号，由计算机统一生成。严禁使用草稿纸记录操作内容进行电气操作
2	发令人发布指令不准确，受令人没有正确记录操作内容属于行为违章	**国标《安规》（电力线路部分）** 7.3.1.1 发令人发布指令应准确、清晰，使用规范的操作术语和设备名称	(1) 为了防止因误发、误接操作指令而造成误操作事故，要求发布和接受指令时应准确、清晰。 (2) 为防止对操作指令理解异义，应使用规范的操作术语和设备双重名称。双方宜全过程做好录音以备核查

续表

序号	违章内容	《安规》条文对照	防范措施
3	受令人接令后，没有复诵无误后就执行属于行为违章	**国标《安规》（电力线路部分）** 7.3.1.2 受令人接令后，应复诵无误后执行	（1）为了防止因误发、误接操作指令而造成误操作事故，接受操作指令者应记录指令内容和发布指令时间。 （2）接令完毕，应将记录的全部内容向发令人复诵一遍，并得到发令人认可。 （3）操作人员（包括监护人）应了解操作目的和操作顺序，对操作指令有疑问时应向发令人询问清楚无误后执行。 （4）如果认为该操作指令不正确，应向发令人或运行值班负责人报告，由发令人或运行值班负责人决定原指令是否执行。 （5）当执行某项操作指令可能威胁人身、设备安全或直接造成停电事故时，应当拒绝执行，并将拒绝执行指令的理由报告发令人或运行值班负责人、本单位领导
4	操作人员没有进行模拟预演应属于行为违章	**国标《安规》（电力线路部分）** 7.3.2.2 正式操作前可进行模拟预演，确保操作步骤正确	若模拟预演过程中发现问题，应立即停止，重新核对操作指令及实际电气设备接线方式情况，如操作票存在问题，应重新填写操作票

续表

序号	违章内容	《安规》条文对照	防范措施
5	如果操作人、监护人没有认真审查操作票就分别在操作票上签名操作则属于行为违章。如果操作人、监护人没有在操作票上签名就进行操作也属于行为违章	**国标《安规》（电力线路部分）** 7.3.4.2 操作票由操作人员填用，每张票填写一个操作任务	（1）操作票应由操作人填写并审核操作票无误后在操作票上签名。 （2）监护人也要对操作票进行审核无误后在操作票上签名。 （3）经各方审核无误后在操作票上签名的操作票由监护人负责保管，凡没有经过审核无误签字的操作票，监护人不得发给操作人进行操作
6	在配电设备电气操作前，由值班调控人员向受令人发布正式的操作指令。如果受令人没有接到值班调控人员命令就下令操作应属于行为违章		（1）操作前必须有值班调控人员、受令人正式发布的操作指令，并对照记录。 （2）值班调控人员向受令人发布正式的操作指令要全过程录音。 （3）受令人下令操作必须按照操作记录中的值班调控人员正式发布的操作指令下令
7	发令人使用电话发布指令前，发令人和受令人没有互报单位和姓名，发布指令和接受指令的全过程也没有录音，发布指令和接受指令也没有做好记录均属于行为违章		（1）发令人使用电话发布指令前，发令人和受令人应互报单位和姓名，并在操作记录中记录。 （2）发布指令和接受指令的全过程要进行录音。 （3）发令人使用电话发布指令时如果受令人没有听清楚，应再次询问直至清楚为止。 （4）录音设施要经常检查，如有损坏应及时更换

续表

序号	违章内容	《安规》条文对照	防范措施
8	操作人员、监护人员没有根据模拟图或接线图核对所填写的操作项目，没有认真审核操作票就签名，应属于行为违章	国标《安规》（电力线路部分） 7.3.4.3 操作前，应根据模拟图或接线图核对所填写的操作项目，并经审核签名	（1）操作票应由操作人填写并审核操作票无误后在操作票上签名。 （2）监护人也要对操作票进行审核无误后在操作票上签名。 （3）经各方审核无误后在操作票上签名的操作票由监护人负责保管，凡没有经过审核无误签字的操作票，监护人不得发给操作人进行操作。 （4）组织操作人员学习《操作票填写规定》并定期考试
9	配电设备电气操作过程中随意更换监护人员或操作人员应属于行为违章		（1）配电设备电气操作过程中的监护人员必须与操作票上签名人员一致。 （2）配电设备电气操作过程中的操作人员必须与操作票上签名人员一致
10	配电设备电气操作过程中监护人员或操作人员做与操作无关的事情应属于行为违章		
11	如果电气操作中途监护人员擅自离开现场，使操作人员操作过程失去监护应属于行为违章		（1）配电设备电气操作过程中监护人员应自始至终监护操作人员的操作行为，不得离开操作现场。 （2）如果电气操作中途监护人员擅自离开现场，操作人员应立即停止操作

续表

序号	违章内容	《安规》条文对照	防范措施
12	操作过程中，监护人员、操作人员没有按照操作任务的顺序逐项操作属于行为违章	**国标《安规》（电力线路部分）** 7.3.6.2　应按操作任务的顺序逐项操作	
13	配电设备电气操作过程中监护人员拖拽接地线帮助操作人员装设接地线属于行为违章		
14	如果监护人员与操作人员达到操作设备实际位置后没有核对系统方式、设备名称、位置、编号、设备实际运行状态与操作票要求一致，操作人就开始操作则属于行为违章	**国标《安规》（电力线路部分）** 7.3.5.2　操作设备应具有明显的标志，包括命名、编号、设备相色等	（1）实际电气操作前，监护人员手持操作票走在前，操作人员紧随监护人员其后一起前往被操作设备实际位置。 （2）监护人员与操作人员达到操作设备实际位置后核对设备名称、位置、编号、设备相色、设备实际运行状态与操作票要求一致，并在操作票上打钩确认，操作人方能开始操作
15	操作人员和监护人员面向被操作设备的名称编号牌，监护人员没有按照操作票的顺序逐项高声唱票属于行为违章		

续表

序号	违章内容	《安规》条文对照	防范措施
16	操作人员和监护人员面向被操作设备的名称编号牌，监护人员按照操作票的顺序逐项高声唱票后，操作人员没有进行高声复诵，监护人员就将钥匙交给操作人员实施操作应属于行为违章		
17	操作人员在配电变压器台架上进行停电工作，没有拉开低压侧总刀闸，就开始操作高压侧跌落式熔断器应属于行为违章	**国标《安规》（电力线路部分）** 10.1.1　在高压配电室、箱式变电站、配电变压器台架上的停电工作，应先拉开低压侧刀闸，后拉开高压侧隔离开关或跌落式熔断器，再在停电的高、低压引线上验电、接地	
18	操作人员和监护人员使用的操作票上接地线编号与现场接地线编号不符应属于行为违章		（1）操作人员和监护人员使用的操作票上接地线编号与现场接地线编号不符时，应将接地线进行更换，直至接地线与操作票上接地线编号相符。 （2）如果是操作票上接地线编号填错，应停止操作，重新填写操作票
19	操作人员不戴绝缘手套操作机械传动的隔离开关属于行为违章	**国标《安规》（电力线路部分）** 7.3.6.4　操作机械传动的断路器或隔离开关时，应戴绝缘手套。没有机械传动的断路器、隔离开关和跌落式熔断器，应使用绝缘棒进行操作	

续表

序号	违章内容	《安规》条文对照	防范措施
20	操作人员装卸跌落式熔断器熔管时，没有监护人监护	国标《安规》（电力线路部分） 7.3.6.5 更换配电变压器跌落式熔断器熔丝，先将低压开关和高压隔离开关或跌落式熔断器拉开。卸装跌落式熔断器熔管时，应使用绝缘棒	（1）操作人员先将低压刀开关拉开，再拉开高压隔离开关或跌落式熔断器，以防止事故扩大到上一级。 （2）拉开单极式刀开关或熔断器，拉开时应先拉中间相，后拉两边相；合闸时应先合两边相，再合中间相，以防止操作时与相邻相发生电弧短路。 （3）工作人员摘挂跌落器式熔断器熔管时，应使用绝缘棒，并设专人监护，其他人员不准触及设备
21	装卸高压熔断器，操作人员没有站在绝缘物或绝缘台上	国标《安规》（电力线路部分） 7.3.6.7 装卸高压熔断器，应戴护目眼镜和绝缘手套，必要时使用绝缘夹钳，并站在绝缘物或绝缘台上	
22	操作人员和监护人员操作设备后不检查设备各相的实际位置，应属于行为违章	国标《安规》（电力线路部分） 7.3.6.9 操作后应检查各相的实际位置，无法观察实际位置时，可通过间接方式确认该设备已操作到位	（1）为防止电气设备操作后发生漏检查、误判断而造成误操作事故，电气设备操作后的位置检查应以电气设备现场各相的实际位置为准［如敞开式三相的隔离开关（刀闸）、接地刀闸等］，并将以上检查项作为检查项填写在操作票中。 （2）在无法看到设备实际位置时，可以依据间接指示（设备机械位置指示、电气指示以及带电显示装置、仪器仪表、遥测、遥信等指示）来确定设备位置，为了防止出现一种或几种指示显示不正确等情况而造成误判断，操作后位置检查时，

序号	违章内容	《安规》条文对照	防范措施
22	操作人员和监护人员操作设备后不检查设备各相的实际位置，应属于行为违章	**国标《安规》（电力线路部分）** 7.3.6.9 操作后应检查各相的实际位置，无法观察实际位置时，可通过间接方式确认该设备已操作到位	应检查两个及以上非同样原理或非同源的指示发生对应变化（各单位可根据装置情况确定可靠的若干个、至少各一个非同样原理或非同源的指示），且这些确定的所有指示均已同时发生对应变化，才能确认该设备已操作到位。 （3）任何一个信号未发生对应变化均应停止操作、查明原因，否则不能作为设备已操作到位的依据。"对应变化"是指为了完成操作目的，设备操作前后的指示有了相应的变化
23	在填写操作票时，出现操作内容漏项，应属于行为违章		（1）拉开（合上）断路器的操作应填入操作票中。 （2）拉开（合上）隔离开关的操作应填入操作票中。 （3）拉开（合上）跌落熔断器的操作应填入操作票中。 （4）拉开（合上）接地刀闸的操作应填入操作票中。 （5）拉开（合上）控制回路空气开关的操作应填入操作票中。 （6）拉开（合上）电压互感器回路空气开关的操作应填入操作票中。

续表

序号	违章内容	《安规》条文对照	防范措施
23	在填写操作票时，出现操作内容漏项，应属于行为违章		（7）取下（用上）控制回路熔断器的操作应填入操作票中。 （8）取下（用上）电压互感器二次回路熔断器的操作应填入操作票中。 （9）切换保护回路的操作应填入操作票中。 （10）切换自动化装置的操作应填入操作票中。 （11）拉出（推入）手车开关的操作应填入操作票中。 （12）验电操作应填入操作票中。 （13）装设接地线操作应填入操作票中。 （14）拆除接地线操作应填入操作票中
24	在填写操作票时，出现操作检查漏项，应属于行为违章		（1）检查断路器拉开（合上）位置应填入操作票中。 （2）检查隔离开关拉开（合上）位置应填入操作票中。 （3）检查跌落熔断器拉开（合上）位置应填入操作票中。 （4）检查接地刀闸拉开（合上）位置应填入操作票中。 （5）检修设备送电前，检查送电范围内确无接地短路应填入操作票中

续表

序号	违章内容	《安规》条文对照	防范措施
24	在填写操作票时，出现操作检查漏项，应属于行为违章		（6）检查手车开关拉出（推入）位置应填入操作票中。 （7）在合上隔离开关前必须检查断路器在拉开位置应填入操作票中。 （8）在推入手车开关前必须检查断路器在拉开位置应填入操作票中。 （9）在倒负荷前后应检查相关电源运行及负荷分配情况要填入操作票中。 （10）在解、并列前后应检查相关电源运行及负荷分配情况要填入操作票中。 （11）验电确无电压应填入操作票中。 （12）检查接地线确已拆除应填入操作票中
25	操作人员验电操作时没有戴绝缘手套应属于行为违章	**国标《安规》（电力线路部分）** 10.1.5　高压配电设备验电时，应戴绝缘手套	
26	操作人员在停电设备上进行验电不正确，应属于行为违章		（1）操作人员验电前，必须检查验电器合格后，方可在配电设备上进行验电操作。 （2）操作人员必须使用电压等级一致的验电器在配电设备上进行验电操作，严禁使用电压等级不对应的验电器在配电设备上进行验电操作。

续表

序号	违章内容	《安规》条文对照	防范措施
26	操作人员在停电设备上进行验电不正确，应属于行为违章		（3）操作人员使用合格且电压等级一致的验电器验电前，必须在带电设备上检验验电器正常后，再在停电设备上验电。 （4）操作人员在停电设备上进行验电操作时，必须对装设接地线处的U、V、W三相逐一验电。 （5）操作人员在停电设备上进行验电操作时，必须对合接地刀闸处的U、V、W三相逐一验电
27	操作人员没有验电就装设接地线，应属于行为违章	**国标《安规》（电力线路部分）** 6.4.3　线路经验明确无电压后，应立即装设接地线并三相短路	（1）操作人员在装设接地线前，必须验电，验电确无电压后操作人员应立即装设接地线。 （2）操作人员在合上接地刀闸前，必须验电，验电确无电压后操作人员应立即合上接地刀闸。 （3）如果因故中断操作，再进行操作时，操作人员必须重新验电，验电确无电压后操作人员应立即装设接地线。 （4）如果因故中断操作，再进行操作时，操作人员必须重新验电，验电确无电压后操作人员应立即合上接地刀闸

215

续表

序号	违章内容	《安规》条文对照	防范措施
28	操作人员使用不合格的绝缘工器具在配电设备上进行装设接地线操作，应属于行为违章		（1）操作人员应使用电压等级相对应的操作杆在配电设备上进行装设接地线操作。 （2）操作人员在装设接地线前必须检查接地线良好且接地线未超过试验周期，不能使用已经损坏的接地线。 （3）操作人员在装设接地线时必须接触良好，严禁用缠绕方式接地。 （4）操作人员在装设接地线时必须先装设接地端，后装设导体端
29	单极刀闸或跌落熔断器水平排列时，停送电操作顺序不正确，应属于行为违章		（1）单极刀闸或跌落熔断器水平排列时，停电拉闸操作顺序应先拉开中相刀闸，后拉开两边相刀闸。 （2）单极刀闸或跌落熔断器水平排列时，送电合闸操作顺序应先合上两边相刀闸，后合上中相刀闸。 （3）分相操作跌落熔断器水平排列时，停电拉闸操作顺序应先拉开中相跌落熔断器，后拉开两边相跌落熔断器。 （4）分相操作跌落熔断器水平排列时，送电合闸操作顺序应先合上两边相跌落熔断器，后合上中相跌落熔断器

续表

序号	违章内容	《安规》条文对照	防范措施
30	单极刀闸或跌落熔断器垂直排列时，停送电操作顺序不正确，应属于行为违章		（1）单极刀闸垂直排列时，停电拉闸操作顺序应自下至上依次拉开各相。 （2）单极刀闸垂直排列时，送电合闸操作顺序应自上至下依次合上各相。 （3）分相操作跌落熔断器垂直排列时，停电拉闸操作顺序应自下至上依次拉开各相。 （4）分相操作跌落熔断器垂直排列时，送电合闸操作顺序应自上至下依次合上各相
31	电气操作中，每项操作完后不在操作票上打"√"应属于行为违章		（1）操作人和监护人面向被操作设备的名称编号牌，由监护人按照操作票的顺序逐项高声唱票。操作人应注视设备名称编号，按所唱内容独立地、并用手指点这一步操作应动部件后，高声复诵。监护人确认操作人手指部位正确，复诵无误后，发出"对、执行"的操作指令，并将钥匙交给操作人实施操作。 （2）监护人在操作人完成操作并确认无误后，在操作票的该操作项目上打"√"。 （3）对于检查项目，监护人唱票后，操作人应认真检查，确认无误后再复诵，监护人同时也进行检查，确认无误并听到操作人复诵，在该项目上打"√"。 （4）严禁操作项目与检查项一并打"√"。 （5）严禁全部操作结束后在操作票上补打"√"
32	电气操作中，所有操作完后均不在操作票上打"√"，全部操作结束后在操作票上补打"√"应属于行为违章		
33	操作人员和监护人员在操作过程中应按操作票填写的顺序逐项操作，如果有颠倒顺序、增减步骤、跳项操作应属于行为违章		

续表

序号	违章内容	《安规》条文对照	防范措施
34	雷电天气操作人员和监护人员在室外就地进行电气操作或更换熔丝均视为行为违章	**国标《安规》（电力线路部分）** 7.3.6.3 雷电天气时，不宜进行电气操作，不应就地电气操作	
35	雨天操作室外高压设备时，操作人员没有穿绝缘靴、戴绝缘手套应属于行为违章	**国标《安规》（电力线路部分）** 7.3.6.6 雨天操作室外高压设备时，应使用有防雨罩的绝缘棒，并穿绝缘靴、戴绝缘手套	
36	更换高压熔断器，操作人员没有戴绝缘手套，应属于行为违章		（1）更换高压熔断器时，操作人员必须戴绝缘手套。 （2）更换高压熔断器时，操作人员必须戴安全帽。 （3）更换高压熔断器，根据现场情况有必要时操作人员可使用绝缘操作杆。 （4）更换高压熔断器，根据现场情况有必要时操作人员可使用绝缘夹钳
37	甲、乙两台配电变压器低压侧共用接地引下线时，当甲配电变压器停电检修时，乙配电变压器没有停电应属于行为违章	**国标《安规》（电力线路部分）** 10.1.4 两台及以上配电变压器低压侧共用接地引下线时，其中一台停电检修时，其他配电变压器也应停电	
38	配电设备检修后，对该设备合闸送电前，操作人员和监护人员如果不检查与该设备有关的断路器和隔离开关确在分闸位置，不检查送电范围内接地刀闸确已拉开，不检查送电范围内接地线确已拆除应属于行为违章		

第六节　配电设备违章

序号	违章内容	《安规》条文对照	防范措施
1	配电线路杆塔无编号、名称，杆塔无相序标志，应属于行为违章		(1) 配电线路每级杆塔要表明线路名称与杆号，杆号不得出现重复。 (2) 配电线路的起始杆塔要有相序标志。 (3) 配电线路的转角（换位及换位前后一基杆塔）杆塔要有相序标志。 (4) 配电线路的末端杆塔要有相序标志
2	平行或同杆塔架设的多回路配电线路无色标或色标重复，无双重称号，应属于行为违章		(1) 平行的多回路线路必须表明色标。 (2) 同杆塔架设的多回路线路必须表明色标。 (3) 平行的多回路线路表明的色标严禁重复。 (4) 同杆塔架设的多回路线路表明的色标严禁重复。 (5) 平行的多回路线路必须表明线路双重称号。 (6) 同杆塔架设的多回路线路必须表明线路双重称号
3	充油充气的柱上断路器油位、气压指示装置不齐全，分、合指示与实际运行位置不一致，应属于行为违章		(1) 充油的柱上断路器油位指示装置应齐全，新投运配电设备时，如果发现柱上断路器油位指示装置不齐全，必须当作缺陷提出并督促消除后方可将设备投运。

续表

序号	违章内容	《安规》条文对照	防范措施
3	充油充气的柱上断路器油位、气压指示装置不齐全，分、合指示与实际运行位置不一致，应属于行为违章		(2) 充气的柱上断路器气压指示装置应齐全，新投运配电设备时，如果发现柱上断路器气压指示装置不齐全，必须当作缺陷提出并督促消除后方可将设备投运。 (3) 柱上断路器分闸指示与实际运行位置必须一致，新投运配电设备时，如果发现柱上断路器分闸指示与实际运行位置不一致，必须当作缺陷提出并督促消除后方可将设备投运。 (4) 柱上断路器合闸指示与实际运行位置必须一致，新投运配电设备时，如果发现柱上断路器合闸指示与实际运行位置不一致，必须当作缺陷提出并督促消除后方可将设备投运。 (5) 柱上断路器分、合闸指示要字迹清晰，如果不清晰，必须当作缺陷提出并督促消除后方可将设备投运
4	新投产的配电线路标示牌及杆号、色标等与实际不符或安装不齐全，应属于行为违章		(1) 新投产的配电线路每级杆塔上都要装设标示牌并与实际相符。 (2) 新投产的配电线路杆塔要装设安全警告标示牌并与实际相符。 (3) 新投产的配电线路每级杆塔上都要装设相位牌并与实际相符。 (4) 新投产的同杆架设配电线路每级杆塔上都要有色标并与实际相符

序号	违章内容	《安规》条文对照	防范措施
5	公用配电台架、配电室、开关站、环网柜上缺少设备标志和安全警示牌，应属于违章		(1) 公用配电台架的变压器、配电箱、跌落熔断器、隔离开关、电力电容器、低压开关、低压熔断器、低压刀闸等设备上要装设设备双重编号标识牌，在遮栏和电杆上悬挂安全警示牌。 (2) 配电室的变压器、配电盘、电容器盘、跌落熔断器、隔离开关、电力电容器、低压开关、低压熔断器、低压刀闸等设备上要装设标志设备双重编号标识牌，在遮栏上悬挂安全警示牌。 (3) 开关站的断路器、电力电容器、互感器、隔离开关等设备上要装设标志，在遮栏上悬挂安全警示牌。 (4) 环网柜的断路器（开关）、隔离开关等设备上要装设标志，在环网柜外悬挂安全警示牌
6	配电线路跨越鱼塘时，没有在鱼塘周围装设相应的禁止或警告类标示牌，应属于行为违章		
7	对于配电线路附近的采矿点，没有在采矿点周围装设相应的禁止或警告类标示牌，应属于行为违章		

221

序号	违章内容	《安规》条文对照	防范措施
8	对于易受外力破坏的配电线路，没有在相应处所装设禁止或警告类标示牌，应属于行为违章		
9	对于配电线路邻近风筝放飞现场，没有在相应处所装设相应的禁止或警告类标示牌或宣传告示，应属于行为违章		
10	对于配电线路邻近人口密集地区，没有在相应处所装设相应的禁止或警告类标示牌或宣传告示，应属于行为违章		
11	对于易被取土地区的配电线路，没有在相应位置装设禁止或警告类标示牌，应属于行为违章		
12	严重污秽地区未对配电线路的导线及拉线进行防腐处理，应属于行为违章		
13	配电线路施工后达不到设计要求，应属于违章		配电线路杆塔拉线组装完成后要进行验收，对于配电线路杆塔拉线不符合设计要求的、对于配电线路杆塔基础下沉超过设计要求的、对于配电线路杆塔倾斜超过设计要求的、对于配电线路对地距离不满足规程要求的，必须监督施工单位严格按照设计要求进行组装，直至达到设计要求

续表

序号	违章内容	《安规》条文对照	防范措施
14	配电线路杆塔上有鸟窝清除不彻底，应属于行为违章		
15	配电线路防护区内未按规定清障，应属于行为违章		
16	配电线路导线弧垂不符合设计要求，应属于行为违章		
17	配电线路对周边物体距离不满足规程要求，应属于行为违章		
18	配电线路交叉跨越安全距离不满足规程要求巡视未发现，应属于行为违章		
19	在配电设备出入口处有两条及以上相互靠近的平行线路时，每基杆塔没有安装双重名称编号标志，应属于行为违章		在配电设备出入口处有两条及以上相互靠近的平行线路时： (1) 每基杆塔必须安装双重名称编号标志。 (2) 每基杆塔安装的双重名称编号标志要与现场实际相符。 (3) 每基杆塔必须涂刷色标。 (4) 每基杆塔涂刷的色标要清晰并与实际相符
20	在配电设备出入口处有两条及以上相互靠近的交叉线路时，每基杆塔没有安装双重名称编号标志，应属于行为违章		
21	配电线路防护区影响安全运行的施工未及时制止，应属于行为违章		

续表

序号	违章内容	《安规》条文对照	防范措施
22	配电室内配电变压器没有装设设备标志，应属于行为违章		
23	配电室内配电变压器虽有标志，但标志未使用双重名称，编号错误，应属于行为违章		
24	配电变压器本体接地引下线达不到设计要求，应属于行为违章		（1）配电变压器本体接地引下线焊接要牢固。 （2）配电变压器本体接地引下线接地扁钢截面要符合设计要求。 （3）配电变压器本体接地引下线接地电阻要符合设计要求
25	变压器本体接地引下线接地扁钢截面不符合设计要求，应属于行为违章		
26	开关站设备前后未铺设绝缘垫，应属于行为违章		（1）开关站内开关柜前、后必须铺设绝缘垫。 （2）开关站内电容器柜前、后必须铺设绝缘垫。 （3）开关站内互感器柜前、后必须铺设绝缘垫。 （4）开关站内隔离开关前、后必须铺设绝缘垫
27	配电室、开关站、箱式变电站无防鼠挡板，应属于行为违章		（1）配电室门口要安装防鼠挡板，挡板牢固无破损，密封性能好。 （2）开关站门口要安装防鼠挡板，挡板牢固无破损，密封性能好。 （3）箱式变电站门口要安装防鼠挡板，挡板牢固无破损，密封性能好

序号	违章内容	《安规》条文对照	防范措施
28	开关站门不符合规定要求，应属于行为违章		（1）开关站门不能从里向外开，应设计成从外向里开。 （2）开关站的门必须使用阻燃材料。 （3）禁止开关站为单侧门，必须设计成双开门。 （4）开关站的门应牢固好用，门出现破损应立即更换
29	配电室土建施工中存在缺陷影响配电室设备运行，应属于行为违章		（1）配电室排气扇应安装在配电室顶部，配电室投运验收设备时，应检查排气扇正常运行，通风良好，如果检查发现排气扇不能正常运行，必须监督建设单位处理后，方能将配电室投入运行。 （2）配电室土建完工后，应组织对配电室土建工程进行验收，如果发现有漏雨现象，必须监督建设单位处理后，方能将配电室投入运行。 （3）配电室土建完工后，应组织对配电室土建工程进行验收，如果发现有渗水现象，必须监督建设单位处理后，方能将配电室投入运行。 （4）配电室土建完工后，应组织对配电室土建工程进行验收，如果发现主体结构墙面有裂纹现象，必须监督建设单位处理后，方能将配电室投入运行。 （5）配电室土建完工后，应组织对配电室土建工程进行验收，如果发现主体基础出现下沉现象，必须监督建设单位处理后，方能将配电室投入运行。 （6）配电室土建完工后，应组织对配电室土建工程进行验收，如果配电室的电缆进出孔洞未密封或密封材料为非阻燃材料，必须监督建设单位处理后，方能将配电室投入运行

续表

序号	违章内容	《安规》条文对照	防范措施
30	配电室内配电变压器周围装设的安全围栏不符合规程要求，应属于行为违章		（1）配电室内配电变压器周围必须装设安全围栏。 （2）配电室内配电变压器周围必须装设固定围栏，严禁用临时围栏代替。 （3）配电室内配电变压器周围装设的安全围栏应有闭锁装置且可靠好用。 （4）配电室内配电变压器周围装设的安全围栏高度应符合安全规程要求。 （5）配电室内配电变压器周围装设的安全围栏与配电变压器的距离符合安全规程要求。 （6）配电室内配电变压器周围装设的安全围栏必须装设安全警示牌
31	开关站内配电设备柜前后未铺设绝缘垫，应属于行为违章		（1）开关站内出线设备柜前、后必须铺设绝缘垫。 （2）开关站内电容器柜前、后必须铺设绝缘垫。 （3）开关站内进线设备柜前、后必须铺设绝缘垫。 （4）开关站内互感器柜前、后必须铺设绝缘垫。 （5）开关站内所用电柜前、后必须铺设绝缘垫
32	配电室内设备前后未铺设绝缘垫，应属于行为违章		（1）配电室内配电盘前、后必须铺设绝缘垫。 （2）配电室内电容器盘前、后必须铺设绝缘垫

续表

序号	违章内容	《安规》条文对照	防范措施
33	配电设备柜门存在缺陷，关闭不严巡视设备时没有发现，应属于行为违章		（1）定期巡视检查配电室内进线配电盘前、后门，如果发现门未关闭，应及时关严，如果门存在缺陷，无法关闭，必须记录缺陷，尽快消除。 （2）定期巡视检查配电室内电容器盘前、后门，如果发现门未关闭，应及时关严，如果门存在缺陷，无法关闭，必须记录缺陷，尽快消除。 （3）定期巡视检查配电室内出线配电盘前、后门，如果发现门未关闭，应及时关严，如果门存在缺陷，无法关闭，必须记录缺陷，尽快消除
34	配电室内配电盘后未设网状遮拦门或柜门，应属于行为违章		
35	开关站土建施工中存在缺陷影响开关站设备运行，应属于行为违章		（1）开关站排气扇应安装在设备室顶部，开关站投运验收设备时，应检查排气扇正常运行，通风良好，如果检查发现排气扇不能正常运行，必须监督建设单位处理后，方能将开关站投入运行。 （2）开关站土建完工后，应组织对开关站土建工程进行验收，如果发现有漏雨现象、渗水现象、主体结构墙面有裂纹现象、主体基础出现下沉现象、电缆进出孔洞未封堵，必须监督建设单位处理后，方能将开关站投入运行

序号	违章内容	《安规》条文对照	防范措施
36	箱式配电站外壳存在缺陷影响箱式配电站设备运行，应属于行为违章		(1) 箱式配电站排气扇应安装在箱式配电站顶部，箱式配电站投运验收时，应检查排气扇正常运行，通风良好，如果检查发现排气扇不能正常运行，必须监督建设单位处理后，方能将箱式配电站投入运行。 (2) 箱式配电站安装后，应组织对箱式配电站外壳进行验收，如果发现有漏雨现象、渗水现象、外壳有生锈现象，必须处理后方可将箱式配电站投入运行。 (3) 箱式配电站安装后，应组织对箱式配电站基础进行验收，如果发现箱式配电站基础出现下沉现象，必须监督建设单位处理后，方能将箱式配电站投入运行。 (4) 箱式配电站安装后，应组织对箱式配电站与电缆沟进行验收，如果箱式配电站的电缆进出孔洞未密封，必须监督建设单位处理后，方能将箱式配电站投入运行。 (5) 箱式配电站安装后，应组织对箱式配电站照明进行验收，如果箱式配电站的照明存在缺陷，必须监督建设单位处理后，方能将箱式配电站投入运行
37	开关站防小动物措施不落实，应属于行为违章		

续表

序号	违章内容	《安规》条文对照	防范措施
38	开关站内电缆沟盖板严重破损，应属于行为违章		
39	开关站内电缆沟盖板缺少，应属于行为违章		
40	配电线路不能满足防雷要求，应属于行为违章		(1) 配电线路杆塔要按照设计要求接地。 (2) 要定期组织对配电线路避雷器进行检测。 (3) 要定期组织对配电线路杆塔接地电阻测量。 (4) 配电线路杆塔接地电阻测量不合格应及时处理。 (5) 要确保架空接地线或避雷针对地导通
41	箱式配电站设备盘体未规范使用电焊、压板、攻丝固定，使屏体不能可靠接地，应属于行为违章		(1) 箱式配电站内进、出线配电盘体应规范使用电焊、压板、攻丝固定，使屏体达到可靠接地的要求。 (2) 箱式配电站内电容器盘体应规范使用电焊、压板、攻丝固定，使屏体达到可靠接地的要求。 (3) 箱式配电站内变压器基础体应规范使用电焊、压板、攻丝固定，使屏体达到可靠接地的要求
42	配电室设备盘体未规范使用电焊、压板、攻丝固定，使屏体不能可靠接地，应属于行为违章		(1) 配电室内进、出线配电盘体应规范使用电焊、压板、攻丝固定，使屏体达到可靠接地的要求。 (2) 配电室内电容器盘体应规范使用电焊、压板、攻丝固定，使屏体达到可靠接地的要求。 (3) 配电室内变压器基础应规范使用电焊、压板、攻丝固定，使屏体达到可靠接地的要求

续表

序号	违章内容	《安规》条文对照	防范措施
43	开关站设备柜体未规范使用电焊、压板、攻丝固定，使屏体不能可靠接地，应属于行为违章		(1) 开关站内进、出线设备柜体应规范使用电焊、压板、攻丝固定，使屏体达到可靠接地的要求。 (2) 开关站内互感器、电容器柜体应规范使用电焊、压板、攻丝固定，使屏体达到可靠接地的要求。 (3) 开关站内所用电柜体应规范使用电焊、压板、攻丝固定，使屏体达到可靠接地的要求。 (4) 开关站内分段开关柜体应规范使用电焊、压板、攻丝固定，使屏体达到可靠接地的要求
44	接地体顶面埋设和防腐达不到设计要求，应属于行为违章		(1) 接地体顶面埋设深度应达到设计规定引起。 (2) 接地体顶面埋设深度应大于0.6m。 (3) 接地体引出线的垂直部分应作防腐处理。 (4) 接地体引出线的接地装置焊接部位应作防腐处理
45	开关站设备柜门存在缺陷，关闭不严，应属于行为违章		(1) 定期巡视检查开关站内进线开关柜前、后门，如果发现门未关闭，应及时关严，如果门存在缺陷，无法关闭，必须记录缺陷，尽快消除。 (2) 定期巡视检查开关站内电容器柜前、后门，如果发现门未关闭，应及时关严，如果门存在缺陷，无法关闭，必须记录缺陷，尽快消除。 (3) 定期巡视检查开关站内出线开关柜前、后门，如果发现门未关闭，应及时关严，如果门存在缺陷，无法关闭，必须记录缺陷，尽快消除。

续表

序号	违章内容	《安规》条文对照	防范措施
45	开关站设备柜门存在缺陷，关闭不严，应属于行为违章		（4）定期巡视检查开关站内互感器柜前、后门，如果发现门未关闭，应及时关严，如果门存在缺陷，无法关闭，必须记录缺陷，尽快消除。 （5）定期巡视检查开关站内所用电柜前、后门，如果发现门未关闭，应及时关严，如果门存在缺陷，无法关闭，必须记录缺陷，尽快消除
46	环网柜外壳存在缺陷影响环网柜设备运行，应属于行为违章		（1）环网柜安装后，应组织对环网柜与电缆沟进行验收，如果环网柜的电缆进出孔洞未封堵，必须监督建设单位处理后，方能将环网柜投入运行。 （2）环网柜安装后，应组织对环网柜外壳进行验收，如果发现有漏雨现象，必须监督建设单位处理后，方能将环网柜投入运行。 （3）环网柜安装后，应组织对环网柜外壳进行验收，如果发现有渗水现象，必须监督建设单位处理后，方能将环网柜投入运行。 （4）环网柜安装后，应组织对环网柜外壳进行验收，如果发现外壳有生锈现象，必须监督建设单位处理后，方能将环网柜投入运行。 （5）环网柜安装后，应组织对环网柜基础进行验收，如果发现环网柜基础出现下沉现象，必须监督建设单位处理后，方能将环网柜投入运行。 （6）环网柜安装后，应组织对环网柜的柜门进行验收，如果环网柜柜门关闭不严，必须监督建设单位处理后，方能将环网柜投入运行

序号	违章内容	《安规》条文对照	防范措施
47	配电室内配电盘内各设备没有名称标志，应属于行为违章		
48	配电室内配电盘内各设备名称标志与现场实际不符，应属于行为违章		
49	对于 TT❶ 低压电网，配电盘上各出线未装设剩余电流动作保护器，应属于行为违章		
50	一级、二级剩余电流动作保护器动作失灵，应属于行为违章		（1）要定期对配电盘上各出线装设的剩余电流动作保护器进行跳闸试验，试验合格则投入运行，如果试验不合格，必须及时进行修理或更换，直至达到剩余电流动作保护器正确动作为止。 （2）要定期对配电箱内装设的二级剩余电流动作保护器进行跳闸试验，试验合格则投入运行，如果试验不合格，必须及时进行修理或更换，直至达到剩余电流动作保护器正确动作为止
51	配电盘上各出线安装的剩余电流动作保护器试验不合格就投入运行，应属于行为违章		
52	低压不停电作业时，工作人员没有穿绝缘鞋，应属于行为违章	**国标《安规》(电力线路部分)** 10.4.1 低压不停电作业时，工作人员应穿绝缘鞋、全棉长袖工作服，戴手套、安全帽和护目眼镜，站在干燥的绝缘物上进行	

❶ TT 系统：电网低压中性点直接接地，而且设备外壳也采取了经各自的保护线分别直接接地措施的三相四线系统。

续表

序号	违章内容	《安规》条文对照	防范措施
53	低压不停电工作，工作人员没有使用有绝缘柄的工具，应属于行为违章	**国标《安规》（电力线路部分）** 10.4.2　低压不停电工作，应使用有绝缘柄的工具	
54	在高低压同杆架设的低压带电线路上进行作业时，工作人员没有检查低压作业处与高压线的安全距离，也没有检查作业杆塔档内的高、低压导线弧垂距离，应属于行为违章	**国标《安规》（电力线路部分）** 10.4.3　高低压线路同杆塔架设，在低压带电线路上工作时，应先检查与高压线的距离，采取防止误碰带电高压设备的措施。在低压带电导线未采取绝缘措施时，工作人员不应穿越	
55	在带电的低压配电装置上工作时，工作人员没有采取防止相间短路的绝缘隔离措施就开始工作，应属于行为违章	**国标《安规》（电力线路部分）** 10.4.4　在带电的低压配电装置上工作时，应采取防止相间短路和单相接地的绝缘隔离措施	
56	工作人员在断开导线时，先断开中性线，后断开相线，应属于行为违章	**国标《安规》（电力线路部分）** 10.4.5　上杆前，应先分清相线、中性线，选好工作位置。断开导线时，应先断开相线，后断开中性线。搭接导线时，顺序应相反。人体不应同时接触两根线头	（1）在进行低压断开导线时，如果需要断开导线，应先断开相线，后断开中性线。 （2）在进行低压断开导线时，如果需要搭接导线时，应先搭接中性线，后搭接相线

续表

序号	违章内容	《安规》条文对照	防范措施
57	居民用电客户未装设家用剩余电流动作保护器，应属于行为违章		根据国家相关规程要求，做好对农户家用剩余电流动作保护器的宣传工作，农户家用剩余电流动作保护器是家庭整个电器回来的总保护器，让农户按照规程要求做好家用剩余电流动作保护器的安装工作，要让农户明白不装设家用剩余电流动作保护器可能造成人员触电伤亡事故
58	居民用电客户装设的剩余电流动作保护器失灵，应属于行为违章		（1）做好对农户家用剩余电流动作保护器的宣传工作，让农户按照规程要求做好家用剩余电流动作保护器的跳闸试验，试验合格则投入运行，如果试验不合格，必须及时进行修理或更换，直至达到剩余电流动作保护器正确动作为止。 （2）做好对农户末级剩余电流动作保护器的宣传工作，让农户按照规程要求做好末级剩余电流动作保护器的跳闸试验，试验合格则投入运行，如果试验不合格，必须及时进行修理或更换，直至达到剩余电流动作保护器正确动作为止
59	居民用电客户装设的剩余电流动作保护器拒动，应属于行为违章		
60	居民用电客户装设的剩余电流动作保护器试验不合格就投入运行，应属于行为违章		

序号	违章内容	《安规》条文对照	防范措施
61	居民用电客户未配置末级剩余电流动作保护器，应属于行为违章		根据国家相关规程要求，做好对农户末级剩余电流动作保护器的宣传工作，农户末级剩余电流动作保护器是家用电器设备的保护器，让农户按照规程要求做好末级剩余电流动作保护器的安装工作，要让农户明白不装设末级剩余电流动作保护器可能造成人员触电伤亡事故
62	在配电设备设置的现场安全标识不正确、不齐全，应属于行为违章		（1）"禁止攀登，高压危险！"标示牌悬挂在配电线路杆塔的爬梯上。 （2）"高压危险　严禁触摸！"标示牌装设于电缆分支箱设备外壳。 （3）"高压危险　严禁触摸！"标示牌装设于箱式配电站设备外壳。 （4）"高压危险　严禁触摸！"标示牌装设于环网柜设备外壳。 （5）"当心触电！"标示牌悬挂在临时电源配电箱上。 （6）"当心触电！"标示牌悬挂在可能发生触电危险的配电设备上。 （7）"当心落物！"标示牌悬挂在高处作业的下方。 （8）"当心落物！"标示牌悬挂在起吊架下方

续表

序号	违章内容	《安规》条文对照	防范措施
63	10kV配电线路的裸露部分在跨越人行过道或作业区,在导电部分对地高度小于2.7m时,该裸露部分两侧和底部未装设防护网,应属于行为违章		(1) 10kV配电线路的裸露部分在跨越人行过道,在导电部分对地高度小于2.7m时,该裸露部分底部、两则应分别装设防护网。 (2) 10kV配电线路的裸露部分在跨越作业区,在导电部分对地高度小于2.7m时,该裸露部分底部、两侧分别应装设防护网
64	未在架空绝缘线路的适当位置设立验电接地装置,应属于行为违章	国标《安规》(电力线路部分) 10.2.2 应在架空绝缘导线的适当位置设立验电接地环或其他验电接地装置	
65	工作人员工作时直接接触带电的架空绝缘导线,应属于行为违章	国标《安规》(电力线路部分) 10.2.1 架空绝缘导线不应视为绝缘设备,不应直接接触或接近	
66	工作人员穿越未停电接地的绝缘导线进行工作,应属于行为违章	国标《安规》(电力线路部分) 10.2.3 不应穿越未停电接地的绝缘导线进行工作	
67	在停电作业中,工作人员接入绝缘导线前,没有采取防感应电的措施,应属于行为违章	国标《安规》(电力线路部分) 10.2.4 在停电作业中,开断或接入绝缘导线前,应采取防感应电的措施	

续表

序号	违章内容	《安规》条文对照	防范措施
68	电力电缆孔洞封堵不严密，应属于行为违章		（1）正常巡视电力电缆，发现开关站进、出线电力电缆孔洞封堵不严密的，应做好记录立即处理。 （2）正常巡视电力电缆，发现配电室进、出线电力电缆孔洞封堵不严密的，应做好记录立即处理。 （3）正常巡视电力电缆，发现箱式配电站进、出线电力电缆孔洞封堵不严密的，应做好记录立即处理。 （4）正常巡视电力电缆，发现环网柜进、出线电力电缆孔洞封堵不严密的，应做好记录立即处理。 （5）正常巡视电力电缆，发现电缆分支箱进、出线电力电缆孔洞封堵不严密的，应做好记录立即处理
69	直埋电力电缆路径上无醒目的电缆标示牌，应属于行为违章		
70	电缆施工前工作人员没有查清运行电缆位置及地下管线分布情况就盲目施工，应属于行为违章	**国标《安规》（电力线路部分）** 12.1.2　电缆施工前应先查清图纸，再开挖足够数量的样洞和样沟，查清运行电缆位置及地下管线分布情况	

序号	违章内容	《安规》条文对照	防范措施
71	工作完毕后，电力电缆井盖板损坏、丢失，应属于行为违章		（1）电力电缆井盖板警示标志应齐全醒目。 （2）正常巡视电力电缆，发现电缆井盖板有损坏，必须设置安全警示牌，做好防范措施，做好电缆井盖板的更换。 （3）正常巡视电力电缆，发现电缆井盖板被盗，必须设置安全警示牌，做好防范人员掉落措施，立即做好电缆井盖板的更换工作
72	电缆隧道无充足照明，防火、防水和通风设备不齐全。应属于行为违章	国标《安规》（电力线路部分） 12.1.4 电缆隧道、电缆井内应有充足的照明，并有防火、防水、通风的措施	（1）电力电缆隧道要有充足照明。 （2）电力电缆隧道要有防火、防水、防风设备，并且齐全好用
73	施工中工作人员将电力电缆金属护套接地线弄断，应属于行为违章		
74	进入电缆井、电缆隧道前，工作人员没有用通风机排除浊气，应属于行为违章	国标《安规》（电力线路部分） 12.1.5 进入电缆井、电缆隧道前，应用通风机排除浊气，再用气体检测仪检查井内或隧道内的易燃易爆及有毒气体的含量	
75	电力电缆沟活动盖板无标识，应属于行为违章		

续表

序号	违章内容	《安规》条文对照	防范措施
76	在 10kV 跌落式熔断器上桩头带电时，未采取绝缘隔离措施，工作人员就在跌落式熔断器下桩头搭接电缆终端头，应属于行为违章	**国标《安规》(电力线路部分)** 12.1.7　在 10kV 跌落式熔断器与电缆头之间，宜加装过渡连接装置，工作时应与跌落式熔断器上桩头带电部分保持安全距离。在 10kV 跌落式熔断器上桩头带电时，未采取绝缘隔离措施前，不应在跌落式熔断器下桩头新装、调换电缆尾线或吊装、搭接电缆终端头	可采用在上桩头带电部位加装专用绝缘罩使其与下桩头隔离，并在下桩头加装接地线，防止因安全距离不足发生危险。此时，工作人员应站在低位，伸手不得超过跌落式熔断器下桩头，并设专人监护以防止人员工作中动作幅度过大，触及跌落式熔断器带电的上桩头而发生触电伤害。雨天环境下，绝缘罩绝缘性能下降，不得进行以上工作
77	电缆试验时，电缆两端不在同一地点时，另一端没有采取防范措施，应属于行为违章	**国标《安规》(电力线路部分)** 12.2.2　电缆试验时，应防止人员误入试验场所。电缆两端不在同一地点时，另一端应采取防范措施	
78	电缆试验结束，工作人员没有在被试电缆上加装临时接地线对试验电缆进行充分放电，应属于行为违章	**国标《安规》(电力线路部分)** 12.2.4　电缆试验结束，应在被试电缆上加装临时接地线，待电缆尾线接通后方可拆除	
79	工作人员带电装表接电时，没有戴手套，应属于行为违章	**国标《安规》(电力线路部分)** 10.3.1　装表接电作业宜在停电下进行。带电装表接电时，应戴手套，防止机械伤害和电弧灼伤	

续表

序号	违章内容	《安规》条文对照	防范措施
80	工作人员在电压互感器二次侧工作时，使用工具的金属部分没有采用绝缘包裹措施，造成接地，应属于行为违章	**国标《安规》（电力线路部分）** 10.3.2 带电安装有互感器的计量装置时，应防止电磁式电流互感器二次开路和电磁式或电容式电压互感器二次短路	（1）在带电情况下进行安装工作时，禁止将回路的安全接地点断开，并应使用绝缘工具，戴手套。 （2）在电流互感器二次侧工作时，禁止将电流互感器二次侧开路，短路电流互感器二次侧绕组，应使用短路片或短路线，禁止用导线缠绕。 （3）工作中禁止将回路的永久接地点断开。 （4）在电压互感器二次侧工作时，使用工具的金属部分应采用绝缘包裹措施，防止短路或接地
81	配电设备箱内无剩余电流动作保护器就接电使用，应属于行为违章		临时电源箱、流动电源箱、配电电源箱内必须装设剩余电流动作保护器后方可接电使用，工作前，剩余电流动作保护器必须试跳合格
82	在农村低压电力网中，保护中性线和工作中性线错结在一起混用，应属于行为违章		
83	在农村低压电力网中，相线、接地线和中性线的连接使用缠绕法，应属于行为违章		（1）在农村低压电力网中，相线的连接应采用焊接、压接、螺栓等连接方法。 （2）在农村低压电力网中，接地线的连接应采用焊接、压接、螺栓等连接方法。 （3）在农村低压电力网中，中性线的连接应采用焊接、压接、螺栓等连接方法

续表·

序号	违章内容	《安规》条文对照	防范措施
84	在农村低压电力网中，带有金属壳的电气设备保护接零不可靠，应属于行为违章		
85	在农村低压电力网中，配电装置外壳保护接零不可靠，应属于行为违章		
86	低压电力设备拆除后，仍留有带电部分未进行处理，应属于行为违章		
87	低压设备施工现场利用多功能插座代替流动配电箱，应属于行为违章		
88	工作人员在接触配电箱、电表箱前，没有用验电笔确认箱体无电就接触配电箱、电表箱，应属于行为违章	**国标《安规》（电力线路部分）** 10.3.3　配电箱、电表箱应可靠接地。工作人员在接触配电箱、电表箱前，应检查接地装置良好，并用验电笔确认箱体无电后，方可接触	
89	室外配电箱下户线无可靠防雨措施，雨水沿下户线流进室外配电箱，应属于行为违章		雨天巡视低压设备，发现雨水沿下户线流进室外配电箱、临时用电箱、流动电源箱情况时，应做好记录立即处理

241

序号	违章内容	《安规》条文对照	防范措施
90	室外配电设备箱存在缺陷，巡视设备时没有发现，影响低压设备安全运行，应属于行为违章		（1）定期巡视，发现室外配电设备箱、临时用电箱、流动电源箱门关不严，出现渗水时，应做好记录立即处理。 （2）定期巡视，发现室外配电设备箱、临时用电箱、流动电源箱锈蚀严重，出现渗水时，应做好记录立即处理。 （3）定期巡视，发现室外配电设备箱、临时用电箱、流动电源箱安装不牢固，出现歪斜时，应做好记录立即处理
91	低压熔断器熔丝配置不正确，应属于行为违章		（1）发现低压熔断器熔丝与设计不配套应立即更换。 （2）对于低压熔断器熔丝用铝丝、铜丝、铁丝代替保险丝的，应立即更换

第七节　高处作业违章

序号	违章内容	《安规》条文对照	防范措施
1	工作人员生病或饮酒后进行高处作业，应属于行为违章		

续表

序号	违章内容	《安规》条文对照	防范措施
2	高处作业的人员，应每年进行一次体检，如果工作人员没有按照要求进行体检或体检达不到要求就进行登高作业，应属于行为违章		
3	高处工作人员做与工作无关的事情，应属于行为违章		（1）严禁杆上高处工作人员聊天、吸烟、吃东西、打电话、接听电话。 （2）严禁工作人员在高处平台、孔洞边缘休息。 （3）严禁工作人员在高处平台、孔洞边缘倚坐
4	工作人员攀登有覆冰的杆塔时，没有采取防滑措施，应属于行为违章	**国标《安规》（电力线路部分）** 9.4.4 攀登有覆冰、积雪的杆塔时，应采取防滑措施	工作人员穿着具有防滑功能的软底鞋、使用双重保护措施、使用登高板攀登水泥杆等，攀登过程中不应进行除冰、清雪工作
5	工作人员在导线、接地线上作业时，没有采取防止坠落的后备保护措施，应属于行为违章	**国标《安规》（电力线路部分）** 9.4.6 在导线、接地线上作业时，应采取防止坠落的后备保护措施。在相分裂导线上工作，安全带可挂在一根子导线上，后备保护绳应挂在整组相导线上	
6	高处作业没有采取防止坠落措施，应属于行为违章		（1）高处作业应先搭设脚手架或采取其他防止坠落措施，方可进行。 （2）高处作业可以使用高空作业车或采取其他防止坠落措施，方可进行。 （3）高处作业可以使用升降平台或采取其他防止坠落措施，方可进行

续表

序号	违章内容	《安规》条文对照	防范措施
7	高处工作人员顺杆下滑，应属于行为违章	**国标《安规》（电力线路部分）** 9.4.3 不应利用绳索、拉线上下杆塔或顺杆下滑	
8	工作人员高处作业时，没有采取防止落物伤人的安全措施，应属于行为违章		（1）在进行高处作业时，除有关人员外，不准他人在工作地点的下面通行或逗留。 （2）工作地点下面应有围栏或装设其他保护装置，防止落物伤人。 （3）如在格栅式的平台上工作，为了防止工具和器材掉落，应采取有效隔离措施，如铺设木板等
9	在极端恶劣天气进行露天高处作业，也没有经过经本单位分管生产的领导批准，应属于行为违章		（1）在6级及以上的大风恶劣天气下，应停止露天高处作业。 （2）在暴雨天气下，应停止露天高处作业。 （3）在雷电恶劣天气下，应停止露天高处作业。 （4）在冰雹恶劣天气下，应停止露天高处作业。 （5）在大雾恶劣天气下，应停止露天高处作业。 （6）在沙尘暴恶劣天气下，应停止露天高处作业。 （7）在特殊情况下，确需在恶劣天气进行抢修时，应组织人员充分讨论必要的安全措施，经本单位分管生产的领导（总工程师）批准后方可进行

续表

序号	违章内容	《安规》条文对照	防范措施
10	工作人员使用安全带没有采用高挂低用的方式，安全带挂在不牢固的物件上，均属于行为违章	**国标《安规》（电力线路部分）** 9.2.1　高处作业应使用安全带，安全带应采用高挂低用的方式，不应系挂在移动或不牢固的物件上。转移作业位置时不应失去安全带保护	（1）工作人员应将安全带的挂钩挂在结实牢固的构件上。 （2）工作人员应将安全带的挂钩挂在专为挂安全带用的钢丝绳上。 （3）工作人员应采用高挂低用的方式使用安全带。 （4）禁止工作人员将安全带系挂在移动的物件上。 （5）禁止工作人员将安全带系挂在隔离开关（刀闸）支持绝缘子上。 （6）禁止工作人员将安全带系挂在瓷横担上。 （7）禁止工作人员将安全带系挂在未经固定的转动横担上。 （8）禁止工作人员将安全带系挂在线路支柱绝缘子上。 （9）禁止工作人员将安全带系挂在避雷器支柱绝缘子上。 （10）杆塔作业时必须使用双绳双钩全方位防冲击安全带。 （11）走线作业时必须使用双绳双钩全方位防冲击安全带

续表

序号	违章内容	《安规》条文对照	防范措施
11	高处作业前，工作人员没有全面检查杆根、基础、爬梯、拉线牢固完好，应属于行为违章	**国标《安规》（电力线路部分）** 9.4.1 攀登前，应检查杆根、基础和拉线牢固，检查脚扣、安全带、脚钉、爬梯等登高工具、设施完整牢固。上横担工作前，应检查横担连接牢固，检查时安全带应系在主杆或牢固的构件上	（1）工作人员进行高处作业登杆前全面检查杆塔基础牢固、杆塔根部牢固、杆塔爬梯牢固且完好、杆塔拉线牢固。 （2）工作人员进行高处作业登杆前应检查脚扣、脚钉爬梯等设施完整牢固
12	工作人员在线路作业中使用的梯子没有采取防滑措施，应属于行为违章	**国标《安规》（电力线路部分）** 9.2.3 在线路作业中使用梯子时，应采取防滑措施并设专人扶持	（1）梯子根部应绑扎橡胶套（或橡胶布），梯子顶部应扎围绳，竹（木）梯顶部、中间、根部横档应用铁丝绑扎加固，使用前应进行认真检查。 （2）新竹梯在使用前应经静负荷试验。 （3）禁止将梯子搁在容易转动的或不牢固的物体上进行工作。 （4）使用梯子时应设专人扶持，但应做好防止落物打伤下面人员的安全措施。 （5）使用单梯工作时，梯子与地面的夹角为60°左右，梯子与地面的夹角太大，重心也较高，稳定性相对就差，人员作业时易失去平衡而造成高处坠落事故。梯子与地面的夹角太小，梯脚与地面的摩擦力将减小，人员作业时梯脚与地面产生滑动，梯顶沿支撑下滑而造成人身伤害事故。 （6）距单梯顶部1m处设限高标志，因为工作人员站立梯顶处，易造成重心后倾失去平衡而坠落。

续表

序号	违章内容	《安规》条文对照	防范措施
12	工作人员在线路作业中使用的梯子没有采取防滑措施，应属于行为违章	**国标《安规》（电力线路部分）** 9.2.3 在线路作业中使用梯子时，应采取防滑措施并设专人扶持	（7）在马路中使用梯子，应用红白带围好，并派人看守。 （8）上、下梯子时，人应面向梯子。 （9）禁止两人同时上、下梯子或一把梯子上同时有两人工作。 （10）从梯子向杆塔过渡前，应先束好安全带，上升到梯顶第二挡再向脚板或脚扣过渡。 （11）人在梯子上时，禁止移动梯子，因为人在梯子上移动时，质量较重，平衡性也差，稍有偏差、晃动，将会造成人员坠落事故。 （12）梯子不宜绑接使用，因为如果绑接的强度不够，将会造成梯子使用时变形、折断，进而造成人员伤害事故。 （13）如果某种情况下需要梯子连接使用时，应用金属卡子接紧，或用铁丝绑接牢固，且接头不得超过1处，连接后梯梁的强度不应低于单梯梯梁的强度。 （14）人字梯应有限制开度的措施，即人字梯应具有坚固的铰链和限制开度的拉链
13	工作人员没有检查梯子是否完好牢固，就攀登杆塔，应属于行为违章		
14	工作人员高处作业时，上下传递物件不使用绳索而是上下抛掷，应属于行为违章	**国标《安规》（电力线路部分）** 9.2.2 高处作业应使用工具袋，较大的工具应予固定。上下传递物件应用绳索拴牢传递，不应上下抛掷	

247

续表

序号	违章内容	《安规》条文对照	防范措施
15	高处作业使用的脚手架，工作人员没有验收合格就使用，应属于行为违章		
16	工作人员在高处作业时使用的爬梯下方离下基准面超过 1.2m，应属于行为违章		
17	高空作业车时，高处作业平台处于不稳定状态，当移动车辆时，作业平台上载人，应属于行为违章		（1）利用高空作业车进行高处作业时，高处作业平台应处于稳定状态。 （2）利用带电作业车进行高处作业时，高处作业平台应处于稳定状态。 （3）利用叉车进行高处作业时，高处作业平台应处于稳定状态。 （4）利用高处作业平台进行高处作业时，高处作业平台应处于稳定状态。 （5）当移动车辆时，作业平台上不准载人
18	工作人员使用未经验收合格的脚手架进行作业，应属于行为违章		
19	工作人员使用未经验收合格的沿绳索进行作业，应属于行为违章		
20	工作人员使用未经验收合格的攀爬脚手架进行作业，应属于行为违章		

续表

序号	违章内容	《安规》条文对照	防范措施
21	高处作业区周围的孔洞、沟道等周围没有设立安全措施，没有设立安全标志，应属于行为违章		(1) 高处作业区周围的孔洞应设盖板、安全网或围栏并有固定其位置的措施。 (2) 高处作业区周围的沟道应设盖板、安全网或围栏并有固定其位置的措施。 (3) 对于高处作业区周围的孔洞、沟道夜间应设红灯示警。 (4) 对于高处作业区周围的孔洞、沟道应设置安全标志
22	使用软梯、挂梯作业或用梯头进行移动作业时，没有将梯头的封口可靠封闭，应属于行为违章		(1) 使用软梯、挂梯作业或用梯头进行移动作业时，软梯、挂梯或梯头上只准一人工作。 (2) 工作人员到达梯头上进行工作前，应将梯头的封口可靠封闭，否则应使用保护绳防止梯头脱钩。 (3) 工作人员在梯头开始移动前，应将梯头的封口可靠封闭，否则应使用保护绳防止梯头脱钩

第八节　起重与运输违章

序号	违章内容	《安规》条文对照	防范措施
1	采用单吊线装置更换绝缘子时，工作人员没有采取防止导线脱落的后备保护措施应属于行为违章	**国标《安规》（电力线路部分）** 9.7.2　采用单吊线装置更换绝缘子和移动导线时，应采取防止导线脱落的后备保护措施	

序号	违章内容	《安规》条文对照	防范措施
2	起重设备的操作人员和指挥人员没有经过安全规程考试合格，没有取得合格证就上岗作业，应属于行为违章		（1）起重设备的操作人员、指挥人员应经专业技术培训，并经实际操作及有关安全规程考试合格、取得合格证后方可独立上岗作业。 （2）操作人员、指挥人员合格证种类应与所操作的起重机类型相符合。 （3）起重设备工作人员在作业中应严格执行起重设备的操作规程和有关的安全规章制度
3	操作人员在操作起重设备时，其工作负荷超过铭牌规定，应属于行为违章		操作人员在操作起重设备前应检查起重设备、吊索具、其他起重工具的工作负荷，不准超过铭牌规定
4	对于重大物件的起重、搬运工作没有进行技术交底，也没有制定安全措施，应属于行为违章		（1）起重工作由专人指挥，明确分工。 （2）起重指挥信号应简明、统一、畅通。 （3）工作人员在起重搬运时，根据现场情况应该设置中间指挥人员传递信号。 （4）重大物件的起重、搬运工作应由有经验的专人负责。 （5）对于重大物件的起重、搬运工作，作业前应进行安全技术交底，使全体人员熟悉起重搬运方案和安全措施
5	起重物品的质量达到起重设备额定负荷的 90% 及以上，工作人员没有事前制订专门的安全技术措施，作业时技术负责人不在现场指导，应属于行为违章		

序号	违章内容	《安规》条文对照	防范措施
6	两台及以上起重设备抬吊同一物件时，工作人员没有事前制订专门的安全技术措施，作业时技术负责人不在现场指导，应属于行为违章		
7	对爆炸品、危险品、不易吊装的大件起重搬运时，工作人员没有事前制订专门的安全技术措施，作业时没有技术负责人在现场指导，应属于行为违章		(1) 对爆炸品、危险品、重要设备、精密物件起重搬运时，工作人员应事前制订专门的安全技术措施，作业时应有技术负责人在现场监督指导。 (2) 起吊不易吊装的大件时，工作人员应事前制订专门的安全技术措施，作业时应有技术负责人在现场监督指导。 (3) 在复杂场所进行大件吊装时，工作人员应事前制订专门的安全技术措施，作业时应有技术负责人在现场监督指导
8	起重物品没有绑牢，吊钩也没有挂在物品的重心线上，应属于行为违章		
9	遇有恶劣天气时，工作人员在室外进行起重工作，应属于行为违章		(1) 遇有6级以上的大风时，工作人员不得在室外进行起重工作。 (2) 遇有大雾时，工作人员不得在室外进行起重工作。

续表

序号	违章内容	《安规》条文对照	防范措施
9	遇有恶劣天气时，工作人员在室外进行起重工作，应属于行为违章		（3）遇有暴雨雷电时，工作人员不得在室外进行起重工作。 （4）遇有洪水时，工作人员不得在室外进行起重工作。 （5）夜间遇有照明不足时，工作人员不得在室外进行起重工作
10	撤杆时，工作人员没有检查有无障碍物就试拔，应属于行为违章	国标《安规》（电力线路部分） 9.5.3 使用起重机械立、撤杆时，起吊点和起重机械位置应选择适当。撤杆时，应检查无卡盘或障碍物后再试拔	
11	工作人员站在吊物上，应属于行为违章		
12	工作人员利用吊钩来上升或下降，应属于行为违章		
13	起重机上没有备有灭火装置，驾驶室内没有铺设橡胶绝缘垫，应属于行为违章		
14	在每次使用起重机前没有对起重机进行一次全面检查，应属于行为违章		（1）对在用起重机械，应当在每次使用前进行一次常规性检查，并做好记录。 （2）起重机械每年至少应做一次全面技术检查

续表

序号	违章内容	《安规》条文对照	防范措施
15	在起吊、牵引过程中，起吊物下方有人通过和逗留，应属于行为违章	**国标《安规》（电力线路部分）** 9.7.1　在起吊、牵引过程中，受力钢丝绳的周围、上下方、内角侧，以及起吊物和吊臂的下面，不应有人逗留和通过	（1）在起吊、牵引过程中，受力钢丝绳的周围禁止有人逗留、通过。 （2）在起吊、牵引过程中，起吊、牵引物件的下方禁止有人逗留、通过。 （3）在起吊、牵引过程中，转向滑车内角侧的周围禁止有人逗留、通过。 （4）在起吊、牵引过程中，吊臂的下面禁止有人逗留、通过。 （5）在起吊、牵引过程中，起吊物的下面禁止有人逗留、通过
16	起吊重物长期悬在空中，驾驶人员在驾驶室做与工作无关的事情或离开驾驶室，应属于行为违章		（1）起吊重物长期悬在空中时，驾驶人员严禁在驾驶室吸烟、接打电话、吃东西、与其他无关人员闲谈。 （2）起吊重物长期悬在空中时，驾驶人员严禁离开驾驶室
17	操作起重机起吊埋在地下的物件，应属于行为违章		
18	起吊重物前，工作负责人没有检查悬吊情况及所吊物件的捆绑情况，也没有确认可靠就进行起吊，应属于行为违章		（1）起吊重物前，应由工作负责人检查悬吊情况及所吊物件的捆绑情况，认为可靠后方准试行起吊。 （2）起吊重物稍一离地，应再检查悬吊及捆绑，认为可靠后方准继续起吊。 （3）起吊重物稍一离开支持物，应再检查悬吊及捆绑，认为可靠后方准继续起吊

续表

序号	违章内容	《安规》条文对照	防范措施
19	在道路上使用起重机械时，施工区域没有设围栏，也没有设置适当的警示标示牌，应属于行为违章		
20	起重机在轨道上进行检修时，没有切断起重机工作电源，应属于行为违章		
21	起重机在轨道上进行检修时，没有设标示牌，应属于行为违章		
22	在冬天，起重机的驾驶室内，可装有电气取暖设备，驾驶员离开时，没有及时切断电气取暖设备电源，应属于行为违章		
23	起重机在暗沟上面进行作业，应属于行为违章		
24	起重机在地下管线上面进行作业，应属于行为违章		
25	装运电杆使用的绳索绑扎不牢固，应属于行为违章	**国标《安规》（电力线路部分）** 9.7.4 装运电杆、变压器和线盘应用绳索绑扎牢固，混凝土杆、线盘应塞牢，防止滚动或移动。装运超长、超高或重大物件时，物件重心应与车厢承重中心基本一致，超长物件尾部应设标志	

续表

序号	违章内容	《安规》条文对照	防范措施
26	长期或频繁靠近带电设备作业时，没有采取隔离防护措施，应属于行为违章		
27	长期或频繁靠近架空线路作业时，没有采取隔离防护措施，应属于行为违章		
28	汽车起重机行驶时，应将臂杆放在支架上，吊钩挂在挂钩上但钢丝绳收紧，应属于行为违章		
29	汽车起重机作业前全部支腿支撑不可靠就进行其他操作，应属于行为违章		
30	轮胎式起重机作业前没有支好全部支腿就进行其他操作，应属于行为违章		
31	汽车起重机作业完毕后，没有及时将臂杆放在支架上，就进行起腿操作，应属于行为违章		

续表

序号	违章内容	《安规》条文对照	防范措施
32	使用的起重机钢丝绳存在缺陷,应属于行为违章		(1)每次使用起重机前要对起重机钢丝绳进行一次全面检查,如果发现起重机使用的钢丝绳没有定期进行浸油,应停止起重作业。 (2)每次使用起重机前要对起重机钢丝绳进行一次全面检查,如果发现起重机的钢丝绳芯损坏、绳股挤出、压扁变形、表面起毛刺严重等情况,但仍在继续使用,应停止起重作业。 (3)每次使用起重机前要对起重机钢丝绳进行一次全面检查,如果发现起重机的钢丝绳断丝数量很多、钢丝磨损、腐蚀达到原来钢丝直径的40%及以上但仍在继续使用,应停止起重作业。 (4)每次使用起重机前要对起重机钢丝绳进行一次全面检查,如果发现起重机钢丝绳受过严重退火,仍在继续使用,应停止起重作业。 (5)每次使用起重机前要对起重机钢丝绳进行一次全面检查,如果发现起重机钢丝绳受过局部电弧烧伤,仍在继续使用,应停止起重作业
33	起重机中通过滑轮及卷筒的钢丝绳中间有接头,应属于行为违章		

续表

序号	违章内容	《安规》条文对照	防范措施
34	不正确使用千斤顶或千斤顶存在缺陷使用，应属于行为违章		（1）使用油压式千斤顶时，应做好措施防止有人站在安全栓的前面。 （2）使用千斤顶时严禁超载。 （3）安全栓损坏的油压式千斤顶严禁使用。 （4）如果发现螺旋式千斤顶的螺纹的磨损量达20％时，应立即采取措施停止使用螺旋式千斤顶。 （5）如果发现齿条式千斤顶的齿条的磨损量达20％时，应立即采取措施停止使用齿条式千斤顶。 （6）使用千斤顶时，应设置在平整、坚实处，并用垫木垫平。 （7）使用千斤顶时，严禁操作人员私自加长手柄操作。 （8）使用千斤顶时，严禁操作人员超过规定人数操作。 （9）油压式千斤顶的顶升高度不能超过限位标志线。 （10）螺旋式千斤顶的顶升高度不得超过螺杆高度的3/4。 （11）齿条式千斤顶的顶升高度不得超过齿条高度的3/4。 （12）严禁操作人员将千斤顶放在长期无人照料的荷重下面。 （13）在带负荷使用千斤顶时，下降速度应缓慢，严禁使千斤顶带负荷突然下降。 （14）使用千斤顶前，必须检查千斤顶各部分完好无损，才能开始顶升物体

序号	违章内容	《安规》条文对照	防范措施
35	使用链条葫芦前没有检查吊钩、链条是否良好，传动装置及刹车装置存在缺陷使用，应属于行为违章		（1）使用链条葫芦前应检查吊钩、链条、传动装置及刹车装置是否良好。如果发现吊钩、链条有变形时，应停止起重作业。 （2）使用链条葫芦前应检查吊钩、链条、传动装置及刹车装置是否良好。如果发现链条葫芦的起重链打扭，应停止起重作业。 （3）使用链条葫芦前应检查吊钩、链条、传动装置及刹车装置是否良好。如果发现链条葫芦的起重链拆成单股使用，应停止起重作业。 （4）使用链条葫芦前应检查吊钩、链条、传动装置及刹车装置是否良好。如果发现链条葫芦超负荷使用，应停止起重作业。 （5）如果发现链条葫芦操作时，人员站在链条葫芦的正下方，应立即停止起重作业。 （6）使用链条葫芦前应检查吊钩、链条、传动装置及刹车装置是否良好。如果发现刹车装置不灵，应停止起重作业。 （7）使用链条葫芦前应检查吊钩、链条、传动装置及刹车装置是否良好。如果发现传动装置有异常，应停止起重作业

序号	违章内容	《安规》条文对照	防范措施
36	用链条葫芦吊起的重物在空中停留时间较长，此时没有将手拉链拴在起重链上，也没有在重物上加设保险绳，应属于行为违章		
37	使用霉烂的麻绳进行起重作业，应属于行为违章		（1）使用的麻绳不得出现霉烂现象，如果发现有霉烂现象应停止使用。 （2）使用的麻绳不得出现腐蚀现象，如果发现有腐蚀现象应停止使用。 （3）使用的麻绳不得出现严重损伤现象，如果发现有严重损伤现象应停止使用

第四章 热力和机械违章表现与防范

第一节 工作票违章

序号	违章内容	《安规》条文对照	防范措施
1	安全规程考试不合格的人员签发工作票，应属于行为违章	**GB 26164.1—2011 国家标准《电力(业)安全工作规程》(热力和机械部分)[简称"国标《安规》(热力和机械部分)"]** 4.2.3 各单位应每年对工作负责人、工作许可人、工作票签发人进行安全规程、运行和检修规程的培训和考试，考试合格的，经厂（公司）领导批准，予以公布	
2	工作票由工作负责人签发，应属于行为违章	**国标《安规》(热力和机械部分)** 4.2.5 工作票由工作负责人填写，工作签发人审核、签发	
3	当出现危及设备安全的紧急情况下，没有经值长许可，就无工作票进行处置，应属于行为违章	**国标《安规》(热力和机械部分)** 4.2.10 在危及人身和设备安全的紧急情况下，经值长许可后，可以没有工作票即进行处置，但必须由运行班长（或值长）将采取的安全措施和没有工作票而必须进行工作的原因记在运行日志内	

续表

序号	违章内容	《安规》条文对照	防范措施
4	工作班10人以内的，每个工作人员的姓名没有全部填入"工作班成员"栏中，应属于行为违章	**国标《安规》（热力和机械部分）** 4.3.5 "工作班成员"栏：应将每个工作人员的姓名填入"工作班成员"栏	（1）"工作班成员"栏：应将每个工作人员的姓名填入"工作班成员"栏，超过10人的，只填写10人姓名，并写明工作班成员人数（如×××等共人），其他人员姓名写入附页。 （2）工作票中"共××人"填写工作班总人数。 （3）有监护人的应明确监护人
5	"计划工作时间"栏时间填错，应属于行为违章	**国标《安规》（热力和机械部分）** 4.3.8 "计划工作时间"栏：根据工作内容和工作量，填写预计完成该项工作所需时间	
6	工作许可人完成安全措施后，忘记在工作票安全措施"执行情况"栏相应栏内做"√"记号，应属于行为违章	**国标《安规》（热力和机械部分）** 4.3.10 工作票安全措施"执行情况"栏：根据"必须采取的安全措施"栏中的要求，需要运行值班人员执行的，由工作许可人完成安全措施后，在相应栏内做"√"记号	（1）根据"必须采取的安全措施"栏中的要求，需要运行值班人员执行的，由工作许可人完成安全措施后，在相应栏内做"√"记号，如不需要做安全措施的，工作许可人在对应的"执行情况"栏中填写"无"。 （2）需要检修作业人员执行的安全措施，由工作票填写人在相应的措施后注明"检修自理"，工作负责人完成该项安全措施后，在对应的"执行情况"栏内填写"检修自理"

序号	违章内容	《安规》条文对照	防范措施
7	工作许可人和工作负责人没有检查核对现场安全措施执行情况，就在工作票上签名，应属于行为违章	**国标《安规》(热力和机械部分)** 4.3.13 工作许可人和工作负责人在检查核对安全措施执行无误后，由工作许可人填写"许可工作开始时间"并签名，然后工作负责人确认签名	
8	工作结束后，电气第一种工作票中接地线未拆除没有在工作票"备注"栏注明，应属于行为违章	**国标《安规》(热力和机械部分)** 4.3.18 "备注"栏填写内容：需要特殊注明以及仍需说明的交代事项，如该份工作票因故未执行，电气第一种工作票中接地线未拆除等情况的原因等；中途增加工作成员的情况；其他需要说明的事项	
9	工作票签发人在一份工作票上修改超过两处，应属于行为违章	**国标《安规》(热力和机械部分)** 4.3.19 每份工作票签发人和许可人修改不得超过两处	(1) 每份工作票签发人和许可人修改不得超过两处。 (2) 工作票中的设备名称、编号、接地线位置、日期、时间、动词以及人员姓名不得改动。 (3) 工作票票面修改处应有修改人员签名或盖章
10	计划工作需要办理第一种工作票的，没有按照规定提前一日将工作票送达值长处，应属于行为违章	**国标《安规》(热力和机械部分)** 4.4.3 工作票的送达。计划工作需要办理第一种工作票的，应在工作开始前，提前一日将工作票送达值长处，临时工作或消缺工作可在工作开始前，直接送值长处	

序号	违章内容	《安规》条文对照	防范措施
11	工作票中的"安全措施"如需由（电气）运行人员执行断开电源措施时，（热机）运行人员没有填写停、送电联系单，（电气）运行人员根据口头内容布置和执行断开电源措施，应属于行为违章	**国标《安规》（热力和机械部分）** 4.4.6　安全措施中如需由（电气）运行人员执行断开电源措施时，（热机）运行人员应填写停、送电联系单，（电气）运行人员应根据联系单内容布置和执行断开电源措施	（1）安全措施中如需由（电气）运行人员执行断开电源措施时，（热机）运行人员应填写停、送电联系单，（电气）运行人员应根据联系单内容布置和执行断开电源措施。 （2）安全措施执行完毕，填好措施完成时间，执行人签名后，通知热机运行人员，并在联系单上记录受话的热机运行人员姓名，停电联系单保存在电气运行人员处备查，热机运行人员接到通知后，应做好记录。 （3）对于集控运行的单元机组，运行人员填写电气倒闸操作票并经审查后即可执行。 （4）严禁口头联系或约时停、送电
12	检修工作开始前，工作许可人没有到现场会同工作负责人共同到现场对照工作票逐项检查，应属于行为违章	**国标《安规》（热力和机械部分）** 4.4.8　工作许可。检修工作开始前，工作许可人会同工作负责人共同到现场对照工作票逐项检查，确认所列安全措施完善和正确执行	（1）检修工作开始前，工作许可人会同工作负责人共同到现场对照工作票逐项检查，确认所列安全措施完善和正确执行。 （2）工作许可人向工作负责人详细说明哪些设备带电、有压力、高温、爆炸和触电危险等，双方共同签字后完成工作票许可手续。 （3）开工后，严禁运行或检修人员单方面变动安全措施

续表

序号	违章内容	《安规》条文对照	防范措施
13	开工后，工作负责人没有对工作现场进行全过程监护，应属于行为违章	**国标《安规》（热力和机械部分）** 4.4.9 工作监护。开工后，工作负责人应在工作现场认真履行自己的安全职责，认真监护工作全过程	（1）工作监护。开工后，工作负责人应在工作现场认真履行自己的安全职责，认真监护工作全过程。 （2）工作负责人因故暂时离开工作地点时，应指定能胜任的人员临时代替并将工作票交其执有，交代注意事项并告知全体工作班人员，原工作负责人返回工作地点时也应履行同样交接手续。 （3）工作负责人离开工作地点超过2h者，必须办理工作负责人变更手续
14	对于工作班成员变更，新加入人员没有进行工作地点和工作任务、安全措施学习，应属于行为违章	**国标《安规》（热力和机械部分）** 4.4.10 工作人员变更。工作班成员变更，新加入人员必须进行工作地点和工作任务、安全措施学习，由工作负责人在两张工作票的"备注"栏分别注明变更原因、变更人员姓名、时间并签名	（1）工作人员变更。工作班成员变更，新加入人员必须进行工作地点和工作任务、安全措施学习，由工作负责人在两张工作票的"备注"栏分别注明变更原因、变更人员姓名、时间并签名。 （2）工作负责人变更，应经工作票签发人同意并通知工作许可人，在工作票上办理变更手续。 （3）工作负责人的变更情况应记入运行值班日志
15	工作间断时，工作班人员没有从现场全部撤出，应属于行为违章	**国标《安规》（热力和机械部分）** 4.4.11 工作间断。工作间断时，工作班人员应从现场撤出，所有安全措施保持不动，工作票仍由工作负责人执存	（1）工作间断时，工作班人员应从现场撤出，所有安全措施保持不动，工作票仍由工作负责人执存。 （2）间断后继续工作前，工作负责人应重新认真检查安全措施应符合工作票的要求，方可工作。当无工作负责人带领时，工作人员不得进入工作地点

续表

序号	违章内容	《安规》条文对照	防范措施
16	需要工作延期，工作负责人没有提前2h向工作许可人申明理由，也没有办理申请延期手续，应属于行为违章	**国标《安规》（热力和机械部分）** 4.4.12 工作延期。工作票的有效期，以值长批准的工作期限为准。工作若不能按批准工期完成时，工作负责人必须提前2h向工作许可人申明理由，办理申请延期手续。延期手续只能办理一次，如需再延期，应重新签发新的工作票	
17	工作负责人以口头方式联系对检修设备进行试运，工作许可人也没有收回工作票，应属于行为违章	**国标《安规》（热力和机械部分）** 4.4.13 设备试运。检修后的设备应进行试运。严禁不收回工作票，以口头方式联系试运设备	(1) 检修设备试运工作应由工作负责人提出申请，经工作许可人同意并收回工作票，全体工作班成员撤离工作地点，由运行人员进行试运的相关工作。严禁不收回工作票，以口头方式联系试运设备。 (2) 试运结束后仍然需要工作时，工作许可人和工作负责人应按"安全措施"执行栏重新履行工作许可手续后，方可恢复工作。如需要改变原工作票安全措施，应重新签发工作票

续表

序号	违章内容	《安规》条文对照	防范措施
18	工作结束后，工作人员没有全部撤离现场，工作负责人就在工作票上签名并填写工作结束时间，应属于行为违章	**国标《安规》（热力和机械部分）** 4.4.14 工作终结。工作结束后，工作负责人应全面检查并组织清扫整理工作现场，确认无问题后，带领工作人员撤离现场。工作许可人和工作负责人共同到现场验收，检查设备状况，有无遗留物件，是否清洁等，然后在工作票上填写工作结束时间，双方签名，工作方告终结	

第二节　燃油（气）设备违章

序号	违章内容	《安规》条文对照	防范措施
1	工作人员在卸油站台清扫冰雪，没有采取必要的防滑措施，应属于行为违章	**国标《安规》（热力和机械部分）** 6.2.1 卸油站台应有足够的照明。冬季应清扫冰雪，并采取必要的防滑措施	

续表

序号	违章内容	《安规》条文对照	防范措施
2	工作人员上下油车卸油时不检查梯子、扶手是否牢固就攀登，应属于行为违章	**国标《安规》(热力和机械部分)** 6.2.5　上下油车应检查梯子、扶手、平台是否牢固，防止滑倒	(1) 打开油车上盖时，严禁工作人员用铁器敲打。 (2) 工作人员开启上盖时应轻开，人应站在侧面。 (3) 上下油车应检查梯子、扶手、平台是否牢固，防止滑倒。 (4) 卸油沟的盖板应完整，卸油口应加盖，卸完油后应盖严
3	工作人员在机车与油罐车没有脱钩离开就登上油车，应属于行为违章	**国标《安规》(热力和机械部分)** 6.2.8　工作人员应待机车与油罐车脱钩离开后，方可登上油车开始卸油工作	
4	卸油过程中，现场没有专人巡视，应属于行为违章	**国标《安规》(热力和机械部分)** 6.2.10　卸油过程中，现场必须有人巡视，防止跑、冒、漏油	
5	工作人员在附近存在火警的环境中卸油作业，应属于行为违章	**国标《安规》(热力和机械部分)** 6.2.11　禁止在可能发生雷击或附近存在火警的环境中卸油作业	
6	工作人员在卸油时，输油软管没有实施接地，应属于行为违章	**国标《安规》(热力和机械部分)** 6.2.12　油船、汽车卸油时，应可靠接地，输油软管应接地	

续表

序号	违章内容	《安规》条文对照	防范措施
7	运行人员没有定期对油罐顶部的呼吸阀进行检查，致使呼吸阀出现缺陷，应属于行为违章	**国标《安规》（热力和机械部分）** 6.3.2 油罐的顶部应装有呼吸阀或透气孔。储存轻柴油、汽油、煤油、原油的油罐应装呼吸阀；储存重柴油、燃料油、润滑油的油罐应装透气孔和阻火器。运行人员应定期进行下列检查： a）呼吸阀应保持灵活好用； b）阻火器的铜丝网应保持清洁畅通	
8	工作人员进入油泵房没有开启通风排除可燃气体，应属于行为违章	**国标《安规》（热力和机械部分）** 6.3.5 油泵房应保持良好的通风，及时排除可燃气体	
9	燃油设备检修开工前，检修工作负责人和当值运行人员没有将被检修设备与运行系统完全隔离，应属于行为违章	**国标《安规》（热力和机械部分）** 6.4.1 燃油设备检修开工前，检修工作负责人和当值运行人员必须共同将被检修设备与运行系统可靠地隔离	（1）燃油设备检修开工前，检修工作负责人和当值运行人员必须共同将被检修设备与运行系统可靠地隔离。 （2）检修工作负责人和当值运行人员要在与系统、油罐、卸油沟连接处加装堵板，并对被检修设备进行有效地冲洗和换气，测定设备冲洗换气后的气体浓度（气体浓度限额可根据现场条件制订）。 （3）严禁对燃油设备及油管道采用明火办法测验其可燃性

序号	违章内容	《安规》条文对照	防范措施
10	油区检修用的临时动力电线横过通道时，工作人员没有采取防止被轧断的措施，应属于行为违章	**国标《安规》（热力和机械部分）** 6.4.3 油区检修用的临时动力和照明的电线，应符合横过通道的电线，应有防止被轧断的措施	油区检修用的临时动力和照明的电线，应符合下列要求： （1）电源应设置在油区外面； （2）横过通道的电线，应有防止被轧断的措施； （3）全部动力线或照明线均应有可靠的绝缘及防爆性能； （4）禁止把临时电线跨越或架设在有油或热体管道设备上； （5）禁止把临时电线引入未经可靠地冲洗、隔绝和通风的容器内部； （6）用手电筒照明时应使用防爆电筒； （7）所有临时电线在检修工作结束后，应立即拆除

第三节　锅炉、煤粉制造设备违章

序号	违章内容	《安规》条文对照	防范措施
1	工作人员观察锅炉燃烧情况时，没有戴防护眼镜，应属于行为违章	**国标《安规》（热力和机械部分）** 7.1.1 观察锅炉燃烧情况时，应戴防护眼镜或用有色玻璃遮护眼睛	（1）工作人员观察锅炉燃烧情况时，应戴防护眼镜或用有色玻璃遮护眼睛。 （2）严禁工作人员站在看火门、检查门或喷燃器检查孔的正对面。 （3）工作人员观察着火情况时要做好眼部防护，同时要防止炉膛正压火焰喷出伤人

续表

序号	违章内容	《安规》条文对照	防范措施
2	工作人员在巡检时，在封闭的人孔门处长期停留，应属于行为违章	国标《安规》(热力和机械部分) 7.1.2 对于循环流化床等正压锅炉，巡检时应尽量避免在封闭的人孔门及与炉膛连接的膨胀节处长期停留	(1) 对于循环流化床等正压锅炉，巡检时应尽量避免在封闭的人孔门及与炉膛连接的膨胀节处长期停留。 (2) 在锅炉运行时，严禁打开任何门孔。 (3) 尽量减少人员在危险环境暴露时间的概率
3	工作人员在锅炉灭火后，经过通风时间小于5min，就重新点火，应属于行为违章	国标《安规》(热力和机械部分) 7.1.6 锅炉灭火后，必须立即停止给粉、给油、给气。只有经过充分通风后（5min），方可重新点火	(1) 当锅炉濒临灭火时，禁止投油、气助燃。 (2) 当锅炉发现灭火时，禁止采用关小风门，继续给粉、给油、给气使用爆燃的方法来引火。 (3) 锅炉灭火后，必须立即停止给粉、给油、给气。 (4) 只有经过充分通风后(5min)，方可重新点火
4	工作人员使用专用工具将煤管内的堵煤捅下工作完成后，没有立即取出专用工具，应属于行为违章	国标《安规》(热力和机械部分) 7.1.7 捅下煤管或煤斗内的堵煤，要使用专用的工具	(1) 捅下煤管或煤斗内的堵煤，工作人员要使用专用的工具。 (2) 捅下煤管堵煤时，工作人员不准用身体顶着工具或放在胸前用手推着工具，以防打伤。 (3) 工作人员使用专用工具工作完毕后，应立即取出。 (4) 捅煤斗堵煤时，工作人员应站在煤斗上面的平台上进行，严禁进入煤斗站在煤层上捅堵煤
5	给煤机在运行中发生卡、堵时，工作人员用手直接拨堵塞的异物，应属于行为违章	国标《安规》(热力和机械部分) 7.1.8 给煤机在运行中发生卡、堵时，禁止用手直接拨堵塞的异物	给煤机在运行中发生卡、堵时，禁止用手直接拨堵塞的异物。如必须用手直接工作，应将给煤机停下，并做好防止转动的措施

续表

序号	违章内容	《安规》条文对照	防范措施
6	对锅炉吹灰时，工作人员没有戴手套和防护眼镜，应属于行为违章	国标《安规》（热力和机械部分） 7.2.1 锅炉吹灰前，应适当提高燃烧室负压，并保持燃烧稳定。吹灰时工作人员应戴手套。 7.2.2 使用移动式吹灰设备时，工作人员应戴手套和防护眼镜	（1）锅炉吹灰前，应适当提高燃烧室负压，并保持燃烧稳定。吹灰时工作人员应戴手套。 （2）使用移动式吹灰设备时，工作人员应戴手套和防护眼镜。 （3）在吹灰管未插入燃烧室或烟道前，不准打开阀门通入蒸汽或压缩空气。 （4）工作完毕后应先关闭阀门，然后再取（退）出吹灰管。 （5）吹灰时，禁止打开检查孔观察燃烧情况
7	排污时工作人员没有戴手套，打开排污门时工作人员使用套管套在扳手上帮助开启排污门，均属于行为违章	国标《安规》（热力和机械部分） 7.3.1 排污时工作人员必须戴手套。 7.3.2 开启排污门可以使用专用的扳手，不准使用套管套在扳手上帮助开启排污门	（1）排污时工作人员必须戴手套。在排污装置有缺陷或排污工作地点和通道上没有照明时，禁止进行排污工作。 （2）开启排污门可以使用专用的扳手，不准使用套管套在扳手上帮助开启排污门。锅炉运行中不准修理排污一次门
8	除焦时工作人员没有穿着防烫伤的工作服、工作鞋，应属于行为违章	国标《安规》（热力和机械部分） 7.4.3 除焦时工作人员必须穿着防烫伤的工作服、工作鞋，戴防烫伤的手套和必要的安全用具	

273

续表

序号	违章内容	《安规》条文对照	防范措施
9	工作人员在除焦时，对于回料阀内的结焦，由下向上进行除焦，应属于行为违章	**国标《安规》（热力和机械部分）** 7.4.2 如果是分离器或回料阀内结焦，必须由上面进行除焦，逐步向下，并做好防止塌陷的措施	（1）循环流化床锅炉发生结焦时，应尽快安排停炉处理。 （2）锅炉停运后，必须等锅炉冷却后方可进入。 （3）如果是炉膛床面结焦，清焦时应防止表面塌陷，并做好回料管落渣的防范措施。 （4）如果是分离器或回料阀内结焦，必须由上面进行除焦，逐步向下，并做好防止塌陷的措施
10	除灰时，工作人员不戴手套，使用的除灰工具损坏，应属于行为违章	**国标《安规》（热力和机械部分）** 7.5.2 除灰时，工作人员应戴手套，穿防烫伤工作服和长筒靴，并将裤脚套在靴外面，以防热灰进入靴内。 7.5.3 除灰用的工具（如铁耙、铁钩等），应完整、牢固，使用前应检查	
11	工作人员冷却灰堆不按照规定执行，应属于行为违章	**国标《安规》（热力和机械部分）** 7.5.11 向灰车中灰渣浇水时，工作人员站立的位置至少距离灰车1.5～2m，以免被灰渣和蒸汽烫伤	（1）向灰车中灰渣浇水时，工作人员站立的位置至少距离灰车1.5～2m，以免被灰渣和蒸汽烫伤。 （2）浇水时，禁止无关人员在旁逗留。 （3）事故排渣至地面的灰堆，如其温度较高，可能烫伤人员或引起火灾时，装车前应用水进行冷却。 （4）冷却灰堆时，禁止直接将水冲入灰堆，应采取从外到里逐步冷却的方法

续表

序号	违章内容	《安规》条文对照	防范措施
12	从锅炉的烟道下部放灰时,工作人员没有站在侧边位置,应属于行为违章	**国标《安规》(热力和机械部分)** 7.5.15 从锅炉的烟道下部放灰时,工作人员必须缓慢地打开灰斗的挡板,并站在侧边以防烫伤。必要时应先向热灰浇水	
13	工作人员在事故排渣时,现场无人监督,应属于行为违章	**国标《安规》(热力和机械部分)** 7.5.20 事故排渣时,现场必须有人监督,放出的渣料应冷却至常温后才可清理	(1)主床排渣时,必须保证冷渣器在投运状态,渣温能够降到允许的温度。 (2)外置床事故排渣口周围必须设置固定的围栏,事故排渣时,现场必须有人监督,放出的渣料应冷却至常温后才可清理
14	工作人员在对给粉机进行清理或掏粉前,忘记在给粉机电动机的电源开关上悬挂警告牌,应属于行为违章	**国标《安规》(热力和机械部分)** 7.6.5 对给粉机进行清理或掏粉前,应将给粉机电动机的电源切断,挂上警告牌,并应注意防止自燃的煤粉伤人	
15	对于制粉设备检修工作,工作人员如需进入内部工作时,没有将有关人孔门全部打开,应属于行为违章	**国标《安规》(热力和机械部分)** 7.6.8 制粉设备检修工作开始前,应将有关设备内部积粉完全清除,并与有关的制粉系统可靠地隔绝。如需进入内部工作时,应将有关人孔门全部打开(必要时应打开防爆门),以加强通风	

第四节　锅炉设备检修违章

序号	违章内容	《安规》条文对照	防范措施
1	工作人员进入烟道内部进行清扫和检修工作前，漏将该炉的烟道与运行中的锅炉可靠地隔断，应属于行为违章	**国标《安规》（热力和机械部分）** 8.1.2　在工作人员进入燃烧室及烟道内部进行清扫和检修工作前，将该炉的烟道、风道、燃油系统、煤气系统、吹灰系统等与运行中的锅炉可靠地隔断	在工作人员进入燃烧室及烟道内部进行清扫和检修工作前，将该炉的烟道、风道、燃油系统、煤气系统、吹灰系统等与运行中的锅炉可靠地隔断，并与有关人员联系，将给粉机、排粉机、送风机、增压风机、回转式空气预热器、电除尘器等的电源切断，并挂上禁止启动的警告牌
2	没有进行充分通风，工作人员就进入烟道内进行工作，应属于行为违章	**国标《安规》（热力和机械部分）** 8.1.6　在工作人员进入燃烧室、烟道以前，应充分通风，不准进入空气不流通的烟道内部进行工作。检修的锅炉不应漏进炉烟、热风、煤粉或油、气	
3	工作人员进入炉内、除尘器、煤粉仓等封闭空间内工作时，工作室外面没有工作人员监护，应属于行为违章	**国标《安规》（热力和机械部分）** 8.1.7　进入炉内、锅内（汽包）、烟风道、回转式预热器、除尘器、煤粉仓等封闭空间内工作时，工作人员至少2人以上且外面必须有1名工作人员监护	（1）工作人员进入炉内、锅内（汽包）、烟风道、回转式预热器、除尘器、煤粉仓等封闭空间内工作时，工作人员至少2人以上且外面必须有1名工作人员监护，所有工作人员必须进行登记。 （2）工作结束必须清点人员及工具，确保不遗留在工作室内。 （3）在关闭人孔门或砌堵人孔以前，检修工作负责人应再进行一次同样的检查，确认没有人、工具或杂物遗留后立即关闭

续表

序号	违章内容	《安规》条文对照	防范措施
4	事先没有将锅炉底部灰坑除清干净，工作人员就开始清扫燃烧室，应属于行为违章	**国标《安规》（热力和机械部分）** 8.2.2 清扫燃烧室前，应先将锅炉底部灰坑除清。清扫燃烧室时，应停止灰坑除灰，待燃烧室清扫完毕，再从灰坑放灰	
5	工作人员在燃烧室搭设的脚手架不牢固，应属于行为违章	**国标《安规》（热力和机械部分）** 8.2.4 在燃烧室搭设的脚手架必须牢固	（1）在燃烧室搭设的脚手架必须牢固。即使有大块焦渣落下，也不致损坏。 （2）落在脚手架上的灰焦应及时清除，以防超过脚手架的荷重。 （3）炉内升降平台使用前应加强检查和验收，验收合格后方可使用。 （4）禁止1人进入炉内升降平台作业
6	工作人员在燃烧室上部进行工作时，下部有人同时进行清扫工作，应属于行为违章	**国标《安规》（热力和机械部分）** 8.2.5 在燃烧室上部或排管处有人进行工作时，下部不准有人同时进行清扫工作	
7	工作人员在燃烧室内带电移动110、220V的临时电灯，应属于行为违章	**国标《安规》（热力和机械部分）** 8.2.8 禁止带电移动110、220V的临时电灯	（1）在燃烧室内工作需加强照明时，应由电气专业人员设置110、220V临时性的固定电灯，电灯及电线须绝缘良好，并安装牢固，放在碰不着人的高处。 （2）临时性固定电灯安装后必须由检修工作负责人检查。 （3）禁止工作人员带电移动110、220V的临时电灯

续表

序号	违章内容	《安规》条文对照	防范措施
8	工作人员没有完全撤出，就开启燃烧室内吸风机进行通风，应属于行为违章	**国标《安规》（热力和机械部分）** 8.2.9 在燃烧室内工作如需要开动吸风机以加强通风和降温时，需先通知内部工作人员撤出	
9	工作人员进出烟道时，不按照规定使用梯子，应属于行为违章	**国标《安规》（热力和机械部分）** 8.3.3 工作人员进出烟道时，一般应用梯子上下。不能使用梯子的地方，可使用牢固的绳梯。放置绳梯必须避开热灰，防止绳梯被热灰烧坏	
10	工作人员没有戴防护眼镜和口罩进入烟道内进行工作，应属于行为违章	**国标《安规》（热力和机械部分）** 8.3.5 清扫、检修烟道及省煤器时，必须打开所有的人孔门，以保证足够的通风。如需使用吸风机加强通风时，工作人员应先离开烟道，方可启动吸风机，等待烟道内的灰尘减少，并经清扫工作负责人检查认为可以工作时，方可允许工作人员戴上防护眼镜和口罩进入烟道内工作	
11	工作人员在烟道内检修前，在靠近垂直烟道前1m的水平烟道处加装的临时护栏不可靠，应属于行为违章	**国标《安规》（热力和机械部分）** 8.3.6 在烟道内检修时，应在靠近垂直烟道前1m的水平烟道处加装可靠的临时护栏，以防人员坠落	

续表

序号	违章内容	《安规》条文对照	防范措施
12	工作人员在清扫煤粉仓前，在连通该煤粉仓的所有落粉管闸门及消火管闸门上没有悬挂的"禁止操作，有人工作"的警告牌，应属于行为违章	国标《安规》（热力和机械部分） 8.4.3 清扫煤粉仓前，必须将连通该煤粉仓的所有落粉管闸门及消火管闸门等全部关闭上锁，并挂上"禁止操作，有人工作"的警告牌	（1）清扫煤粉仓前，必须将连通该煤粉仓的所有落粉管闸门及消火管闸门等全部关闭上锁，并挂上"禁止操作，有人工作"的警告牌。 （2）工作人员进入煤粉仓前，应进行彻底通风。只有经过工作负责人的检查（如用仪表测量或用小动物检查）和允许后，才可进入工作
13	工作人员在清扫煤粉仓没有将服装的袖口、裤脚用带子扎紧，应属于行为违章	国标《安规》（热力和机械部分） 8.4.4 清扫煤粉仓的工作人员应戴防毒面罩、防护眼镜、手套，服装应合身，袖口、裤脚应用带子扎紧或穿专用防尘服	（1）清扫煤粉仓的工作人员应戴防毒面罩、防护眼镜、手套。 （2）清扫煤粉仓的工作人员穿着的服装应合身，袖口、裤脚应用带子扎紧或穿专用防尘服。 （3）工作人员进入仓内必须使用安全带，安全带的绳子应缚在仓外固定物上，并至少有2人在外严密监护。监护人在监护中要抓紧工作人员安全带的绳子，并能看见工作人员的动作，喊话时应能听见，如发生意外，应立即把工作人员救上来。 （4）工作人员进出煤粉仓时，应使用梯子上下
14	工作人员将打火机带进煤粉仓内，应属于行为违章	国标《安规》（热力和机械部分） 8.4.5 清扫煤粉仓时，严禁在仓内或仓外附近吸烟或点火。禁止将火柴或易燃物品及其他非必需的物件带进煤粉仓内	

续表

序号	违章内容	《安规》条文对照	防范措施
15	工作人员使用的行灯其橡皮线绝缘损坏，应属于行为违章	**国标《安规》（热力和机械部分）** 8.4.9 煤粉仓内的照明必须使用12V行灯，橡皮线和灯头绝缘应良好，行灯不准埋入积粉内，防止积粉自燃	
16	在汽包内工作的人员时间过长，没有开展轮流工作与休息，应属于行为违章	**国标《安规》（热力和机械部分）** 8.5.3 工作人员进入汽包前，检修工作负责人应检查汽包内的温度，不宜超过40℃，并有良好的通风。在汽包内工作的人员应根据身体情况，轮流工作与休息	
17	进入汽包的工作人员失去监护进行工作，应属于行为违章	**国标《安规》（热力和机械部分）** 8.5.4 在汽包内工作时，应有一人在汽包外面监护	(1) 进入汽包的工作人员，应穿专用工作服，以防杂物落入炉管内。 (2) 在汽包内工作时，应有一人在汽包外面监护。 (3) 工作中断时，工作负责人应清点人数和工具，确认无人或工具留在汽包内时，应关闭汽包门并加盖封条。 (4) 汽包内禁止放置电压超过24V的电动机。电压超过24V的电动机只能放在汽包外面使用。 (5) 严禁在汽包内充氧作业

续表

序号	违章内容	《安规》条文对照	防范措施
18	操作水门开关人员不是专人，同时还担任其他工作，应属于行为违章	**国标《安规》（热力和机械部分）** 8.5.8　操作水门开关人员不准同时担任其他工作	(1) 如使用高压水洗管器清洗受热面管时，应有人负责高压水阀门的开关工作，按照清洗工作人员的要求来开关阀门。 (2) 在高压水洗管器未牢固固定前，严禁开启水门。 (3) 操作水门开关人员不准同时担任其他工作
19	工作人员还没有全部远离设备，就开始转动机械试运行启动，应属于行为违章	**国标《安规》（热力和机械部分）** 8.6.6　在转动机械试运行启动时所有人员应先远离，站在转动机械的轴向位置，并有一人站在事故按钮位置，以防止转动部分飞出伤人	
20	工作人员在水压试验后进行放水，没有认真检查放水总管处有无作业人员在工作，就开始放水，应属于行为违章	**国标《安规》（热力和机械部分）** ·8.7.5　水压试验后泄压或放水，应检查放水总管处无人在工作，方可进行。如检修人员进行操作，则应取得运行班长的同意。放水完毕后，应再通知运行班长	
21	安全门校验时没有安排专人在现场统一指挥，应属于行为违章	**国标《安规》（热力和机械部分）** 8.8.2　安全门校验时应保证运行操作人员与现场校验人员通信畅通，并安排一人在现场统一指挥	

第五节　环保设备运行与检修违章

序号	违章内容	《安规》条文对照	防范措施
1	工作人员进入各类除尘器、脱硝设施、脱硫设施检修工作前，忘记悬挂禁止启动的警告牌，应属于行为违章	**国标《安规》（热力和机械部分）** 9.1.3　工作人员进入各类除尘器、脱硝设施、脱硫设施检修工作前，必须将对应锅炉的吸风机、给粉机、排粉机、送风机、回转式空气预热器等的电源切断，并挂上禁止启动的警告牌	
2	工作人员进入电除尘器前，没有对除尘器内的温度进行检测就开始工作，应属于行为违章	**国标《安规》（热力和机械部分）** 9.1.5　进入电除尘器、袋式除尘器、脱硝反应器内检修时，先进行充分的通风降温，除尘器内的温度应在40℃以下，否则不准入内进行检修工作	（1）进入电除尘器、袋式除尘器、脱硝反应器内检修时，先进行充分的通风降温，除尘器内的温度应在40℃以下，否则不准入内进行检修工作。 （2）若必须进入40℃以上的除尘器内进行短时间的工作时，应订出具体的安全措施并设专人监护，并经厂主管生产领导批准后进行
3	工作人员进入电除尘器本体工作没有戴防尘口罩，应属于行为违章	**国标《安规》（热力和机械部分）** 9.2.3　进入本体工作人员应穿连身工作服，戴防尘口罩	
4	工作人员进入电除尘器本体工作忘记带移动照明设备，应属于行为违章	**国标《安规》（热力和机械部分）** 9.2.4　进入本体检修人员随身携带的移动照明必须为36V以下	

续表

序号	违章内容	《安规》条文对照	防范措施
5	进入电除尘器本体内部进行检修工作前，工作人员没有用接地棒将阴极对地放电，应属于行为违章	**国标《安规》（热力和机械部分）** 9.2.5 工作人员进入电除尘器本体内部进行检修工作前，检修工作负责人必须检查除尘器阴极与接地网的接地线连接可靠，用接地棒将阴极对地放电	（1）工作人员进入电除尘器本体内部进行检修工作前，检修工作负责人必须检查除尘器阴极与接地网的接地线连接可靠。用接地棒将阴极对地放电。 （2）检查阳极板、阴极线及灰斗积灰确已清理干净，方可允许工作人员进行检修工作（如阳极板、阴极线及灰斗积灰不能清理干净，应采取防尘、防跌入灰斗的措施，方可进入本体内部施工）。 （3）灰斗料位计采用放射性核料位计的要可靠进行隔绝，防止对检修人员产生伤害
6	工作人员在本体内部检修阳极板和阴极线时，忘记带上工具袋，应属于行为违章	**国标《安规》（热力和机械部分）** 9.2.7 在本体内部检修阳极板和阴极线时，必须带好工具袋	（1）在本体内部检修阳极板和阴极线时，检修工作人员必须带好工具袋。 （2）检修工作负责人必须提醒工作人员禁止将焊条头、螺栓、螺母及其他杂物掉入灰斗或搭接在阴极框架上。 （3）检修工作负责人现场检查，确保工作点下面严禁站人
7	工作人员在检修整流变压器时，没有完全将高压设备接地措施做好就开始关注，应属于行为违章	**国标《安规》（热力和机械部分）** 9.2.8 检修整流变压器及高压隔离开关时，必须停止整流变压器运行，并做好高压设备接地措施后方可进行	（1）检修整流变压器及高压隔离开关时，必须停止整流变压器运行，并做好高压设备接地措施后方可进行。 （2）多台整流变压器共处一室时，应停止该室所有整流变压器运行，并做好高压设备接地措施

续表

序号	违章内容	《安规》条文对照	防范措施
8	当电动锁气器（卸灰机）运行中，工作人员将手伸进锁气器内部检查叶轮转动情况，应属于行为违章	**国标《安规》（热力和机械部分）** 9.3.1 电动锁气器（卸灰机）运行中，严禁将手伸进锁气器内部检查叶轮转动情况，或在运行中将手伸入电动锁气器内清除杂物	
9	仓泵在运行中被工作人员打开人孔门，应属于行为违章	**国标《安规》（热力和机械部分）** 9.3.3 仓泵在运行中严禁打开人孔门，防止干灰喷出伤人	
10	在仓泵检修前，工作人员忘记在进料阀、出料阀、进气阀上挂"禁止操作"警示牌，应属于行为违章	**国标《安规》（热力和机械部分）** 9.3.6 进行仓泵检修时必须将进料阀、出料阀、进气阀关闭，并挂"禁止操作"警示牌	（1）进行仓泵检修时工作人员必须将进料阀、出料阀、进气阀关闭。 （2）工作人员要在进料阀、出料阀、进气阀上挂"禁止操作"警示牌。 （3）工作人员必须将排气阀打开，并挂"禁止操作"警示牌
11	在进入灰库检修时工作人员忘记在灰库气化风机上挂"禁止启动"警示牌，应属于行为违章	**国标《安规》（热力和机械部分）** 9.3.9 在进入灰库检修时，必须将灰库气化风机停止运行，切断电源，并挂"禁止启动"警示牌	（1）在进入灰库检修时，必须将灰库气化风机停止运行，切断电源，并挂"禁止启动"警示牌。 （2）在进入灰库检修时，应将进入灰库风管道阀门关闭，并挂"禁止操作"警示牌
12	灰库检修结束后，检修工作负责人没有清点工具，在灰库内留有杂物应属于行为违章	**国标《安规》（热力和机械部分）** 9.3.11 灰库检修结束后，应清点人员及工具，严禁将杂物遗留在灰库内	

续表

序号	违章内容	《安规》条文对照	防范措施
13	仓泵检修结束后，检修负责人没有检查仓泵内杂物是否清理干净就关闭人孔门，应属于行为违章	**国标《安规》（热力和机械部分）** 9.3.15 仓泵检修结束后，必须将仓泵内杂物清理干净，经检修负责人检查后关闭人孔门	
14	检修人员进入净烟气烟道进行作业时，没有经过充分的通风换气，应属于行为违章	**国标《安规》（热力和机械部分）** 9.5.4 所有检修人员进入烟气系统（包括原烟气烟道，净烟气烟道、脱硫塔、烟气换热器、增压风机等）作业时，必须经过充分的通风换气、排水后，方可进入	（1）所有检修人员进入烟气系统（包括原烟气烟道，净烟气烟道、脱硫塔、烟气换热器、增压风机等）作业时，必须经过充分的通风换气、排水后，方可进入。 （2）所有检修人员进入烟气系统（包括原烟气烟道、净烟气烟道、脱硫塔、烟气换热器、增压风机等）作业时，进入该系统作业的人员必须登记，外部必须留有人员进行联系、监护
15	工作人员在除雾器上放置物料，应属于行为违章	**国标《安规》（热力和机械部分）** 9.5.10 严禁在除雾器上站人或堆放物料	
16	冬季寒冷天气，工作人员停止浓缩机运行后，没有将水全部排净，应属于行为违章	**国标《安规》（热力和机械部分）** 9.6.4 冬季天气寒冷地区，停止浓缩机、脱水仓运行后，必须将水全部排净，防止冻结、塌落	

第六节　汽轮机的运行与检修违章

序号	违章内容	《安规》条文对照	防范措施
1	汽轮机在检修前，应用阀门上没有悬挂"禁止操作，有人工作"警告牌，应属于行为违章	**国标《安规》（热力和机械部分）** 10.1.1　汽轮机在开始检修之前，应用阀门与蒸汽母管、供热管道、抽汽系统等隔断，阀门应上锁并挂上"禁止操作，有人工作"警告牌	（1）汽轮机在开始检修之前，应用阀门与蒸汽母管、供热管道、抽汽系统等隔断，阀门应上锁并挂上"禁止操作，有人工作"警告牌。 （2）还应将电动阀门的电源切断，并挂"禁止合闸，有人工作"警告牌。疏水系统应可靠地隔绝。对汽控阀门，也应隔绝其控制装置的汽源，并在进汽汽源门上挂"禁止操作，有人工作"警告牌。 （3）检修工作负责人应检查汽轮机前蒸汽管确无压力后，方可允许工作人员进行工作
2	工作人员在起重机吊着的重物下边通过，应属于行为违章	**国标《安规》（热力和机械部分）** 10.1.5　禁止在起重机吊着的重物下边停留或通过	（1）在起重机起吊、牵引过程中，受力钢丝绳的周围禁止有人逗留、通过。 （2）在起重机起吊、牵引过程中，起吊、牵引物件的下方禁止有人逗留、通过。 （3）在起重机起吊、牵引过程中，转向滑车内角侧的周围禁止有人逗留、通过。 （4）在起重机起吊、牵引过程中，吊臂的下面禁止有人逗留、通过。 （5）在起重机起吊、牵引过程中，起吊物的下面禁止有人逗留、通过

续表

序号	违章内容	《安规》条文对照	防范措施
3	大修中需将汽轮机的汽缸盖翻身时，指挥人员站立的位置不对，当大盖翻转时有可能损伤指挥人员，应属于行为违章	**国标《安规》（热力和机械部分）** 10.2.2　大修中需将汽轮机的汽缸盖翻身时，应由检修工作负责人或其指定的人员（必须是熟悉该项起重工作的）指挥，指挥人员和其他协助的人员应注意站立的位置，防止在大盖翻转时被打伤	大修中需将汽轮机的汽缸盖翻身时，应由检修工作负责人或其指定的人员（必须是熟悉该项起重工作的）指挥，复原时也是一样。严禁工作人员在汽缸盖的下方进行工作。进行翻汽缸盖的工作时应注意下列各项： （1）场地应足够宽大，以防碰坏设备； （2）选择适当的钢丝绳和专用夹具，应能承受翻转时可能受到的动负载； （3）在整个翻大盖的过程中应使用正确的钢丝绳结扎方法，以防发生滑脱、弯折或与尖锐的边缘发生摩擦，并能保持汽缸的重心平稳地转动，不致在翻转时发生撞击； （4）汽缸离开支架时，应立即检查所有吊具，确认无问题才能继续起吊，吊起高度以保证小钩松开后不碰地即可； （5）指挥人员和其他协助的人员应注意站立的位置，防止在大盖翻转时被打伤
4	工作人员在起吊汽机转子时，有人站在转子上使起吊平衡，应属于行为违章	**国标《安规》（热力和机械部分）** 10.2.5　装卸汽机转子，必须使用专用的直形或弓形铁梁和专用的钢丝绳，并必须仔细检查钢丝绳的绑法是否合适，然后将转子调整平衡。起吊时严禁人站在转子上使起吊平衡	

续表

序号	违章内容	《安规》条文对照	防范措施
5	用吊车转动转子时，工作人员站立在拉紧的钢丝绳的对面，应属于行为违章	**国标《安规》（热力和机械部分）** 10.2.7 如用吊车转动转子时，严禁站立在拉紧的钢丝绳的对面	检修中如需转动转子时，必须遵守下列规定： （1）必须在一个负责人的指挥下，进行转动工作，转动前必须先通知附近的人员。 （2）如用吊车转动转子时，严禁站立在拉紧的钢丝绳的对面。 （3）如需站在汽缸水平接合面用手转动转子，严禁戴线手套，鞋底必须擦干净。开始转动前，应先站稳，脚趾不准伸出汽缸接合面
6	在拆装平衡块时，没有制定防止平衡块掉下来或掉入设备内的措施，应属于行为违章	**国标《安规》（热力和机械部分）** 10.2.9 进行高速校转子动平衡工作中，在拆装质量块时，必须隔断汽源，关闭自动主汽门或电动主汽门，切断电源，并挂"禁止操作，有人工作"警告牌。盘车装置应在脱开位置，并切断电源。并挂"禁止合闸，有人工作"警告牌。在拆装平衡块时，应有防止拆卸工具和平衡块掉下来或掉入设备内的措施	
7	工作负责人没有检查循环水进出水门确已关闭就打开凝汽器门，应属于行为违章	**国标《安规》（热力和机械部分）** 10.3.1 打开凝汽器门前，应由工作负责人检查循环水进出水门已关闭，同胶球清洗系统隔绝，挂上"禁止操作，有人工作"警告牌，并放尽凝汽器内存水	（1）打开凝汽器门前，应由工作负责人检查循环水进出水门已关闭，同胶球清洗系统隔绝，挂上"禁止操作，有人工作"警告牌，并放尽凝汽器内存水。 （2）如为电动阀门，还应将电动机的电源切断。并挂上"禁止合闸，有人工作"警示牌

序号	违章内容	《安规》条文对照	防范措施
8	当工作人员在凝汽器内工作时，凝汽器循环水进水口没有加装临时堵板，应属于行为违章	**国标《安规》（热力和机械部分）** 10.3.3　当工作人员在凝汽器内工作时，应有专人在外面监护，防止别人误关人孔门，并在发生意外时进行急救。凝汽器循环水进水口应加装临时堵板，以防人、物落入	
9	工作完毕后，工作负责人没有清点人员和工具，就办理工作票终结手续应属于行为违章	**国标《安规》（热力和机械部分）** 10.3.4　清扫完毕后，工作负责人应清点人员和工具，查明确实无人和工具留在凝汽器内，方可关闭人孔门，然后报告值长。办理工作票终结手续	
10	在阀门不严密的情况下，没有对被检修的设备加上带有尾巴的堵板，应属于行为违章	**国标《安规》（热力和机械部分）** 10.4.3　长期检修时和在阀门不严密的情况下，应对被检修的设备加上带有尾巴的堵板，堵板的厚度应符合设备的工作参数	
11	工作人员进入井下进行检修工作前，忘记在有关汽水门上挂"禁止操作，有人工作"警告牌，应属于行为违章	**国标《安规》（热力和机械部分）** 10.5.2　进入下水道、疏水沟和井下进行检修工作前，必须采取措施，防止蒸汽或水在检修期间流入工作地点。有关的汽水门应关严、上锁并挂"禁止操作，有人工作"警告牌	

续表

序号	违章内容	《安规》条文对照	防范措施
12	工作人员在没有监护的情况下进入冷水塔的储水池进行工作，应属于行为违章	国标《安规》(热力和机械部分) 10.6.1　进入喷水池或冷水塔的储水池内及空冷塔工作不得少于2人，其中一人担任监护	(1) 进入喷水池或冷水塔的储水池内及空冷塔工作不得少于2人，其中一人担任监护。 (2) 工作人员在池内水中工作须使用安全带。 (3) 工作人员在池内水中工作须戴救生圈或穿救生衣
13	工作人员在冬季清除水塔进风口的积冰时，单人进行工作，应属于行为违章	国标《安规》(热力和机械部分) 10.6.7　冬季清除水塔进风口和水池的积冰时，至少应有2人进行工作，应有充分的照明和防止滑跌摔倒的措施	(1) 工作人员在冬季清除水塔进风口和水池的积冰时，至少应有2人进行工作。 (2) 工作人员在冬季清除水塔进风口和水池的积冰时，应有充分的照明和防止滑跌摔倒的措施
14	工作人员在防护罩里进行人工清理时，单人进行应属于行为违章	国标《安规》(热力和机械部分) 10.6.12　进水口的旋转滤网两侧应装防护罩。如需进入防护罩里进行人工清理时，必须使滤网停止运行，切断电源，挂上"禁止合闸，有人工作"警告牌，至少应有2人进行工作。如有坠落危险时，应使用安全带	
15	工作人员在调速环拐臂处工作时，没有在调速器的操作把手上悬挂"有人工作，禁止操作"的警示牌，应属于行为违章	国标《安规》(热力和机械部分) 10.7.4　在导水叶区域内或调速环拐臂处工作时，必须切断油压，应在调速器的操作把手和供油阀门上悬挂"有人工作，禁止操作"的警示牌。做好防止拐臂动作的措施	

续表

序号	违章内容	《安规》条文对照	防范措施
16	工作人员进入转轮室的危险部位工作时，单人进行工作，应属于行为违章	**国标《安规》（热力和机械部分）** 10.7.6 进入进水口钢管、蜗壳、转轮室和尾水管等危险部位工作时，应有2人以上，做好防滑、防坠落的措施，必要时应使用安全带，有足够照明并备带手电	
17	汽、水管道检修工作开始前，检修工作负责人没有会同值班人员共同检查汽、水、油或可燃气流入的可能，应属于行为违章	**国标《安规》（热力和机械部分）** 11.1.3 开始工作前，检修工作负责人必须会同值班人员共同检查，确定需要检修的管道已可靠地与运行中的管道隔断，没有汽、水、油或可燃气流入的可能	
18	工作人员在地下维护室内对设备进行巡视工作时，单人进行，应属于行为违章	**国标《安规》（热力和机械部分）** 11.2.1 在地下维护室内对设备进行操作、巡视、维护或检修工作，不应少于2人	
19	工作人员进入有水的地下维护室内进行检修工作，没有穿橡胶靴，应属于行为违章	**国标《安规》（热力和机械部分）** 11.2.5 进入有水的地下维护室及沟道内进行操作或检修，工作人员应穿橡胶靴	

🔧 第七节　化 学 工 作 违 章

序号	违章内容	《安规》条文对照	防范措施
1	化验人员没有穿耐酸、碱腐蚀的工作服进行化验工作，应属于行为违章	**国标《安规》（热力和机械部分）** 12.1.1　化验人员应穿耐酸、碱腐蚀工作服。必要时应穿橡胶围裙和橡胶靴。化验室应有自来水，通风设备，消防器材，急救箱，急救酸、碱伤害时中和用的溶液以及毛巾、肥皂等物品	
2	化验人员将食品和食具放在化验室内，应属于行为违章	**国标《安规》（热力和机械部分）** 12.1.2　严禁将化学药品放在饮食器具内，不应将食品和食具放在化验室内。工作人员饭前和工作后应洗手	
3	存放易爆物品、剧毒药品的保险柜钥匙丢失，应属于行为违章	**国标《安规》（热力和机械部分）** 12.1.9　存放易爆物品、剧毒药品的保险柜应用两把锁，钥匙分别由2人保管	（1）凡有毒性、易燃、致癌或有爆炸性的药品不准放在化验室的架子上，应储放在隔离的房间和保险柜内，或远离厂房的地方，并有专人负责保管。 （2）存放易爆物品、剧毒药品的保险柜应用两把锁，钥匙应分别由2人保管。使用和报废这类药品应有严格的管理制度。 （3）对有挥发性的药品应存放在专门的柜内。使用这类药品时应特别小心，必要时应戴口罩、防护眼镜及橡胶手套；操作时必须在通风柜内或通风良好的地方进行，并应远离火源。 （4）接触过的器皿应及时清洗干净

续表

序号	违章内容	《安规》条文对照	防范措施
4	工作人员用烧杯加热液体时,液体的高度超过烧杯的2/3,应属于行为违章	**国标《安规》(热力和机械部分)** 12.1.11 用烧杯加热液体时,液体的高度不应超过烧杯的2/3	
5	工作人员取样时未戴手套,应属于行为违章	**国标《安规》(热力和机械部分)** 12.2.1 汽、水取样地点,应有良好的照明。取样时应戴手套	
6	工作人员在运行设备上取油样,没有得到运行人员的同意,应属于行为违章	**国标《安规》(热力和机械部分)** 12.2.5 在运行设备上取油样,应得到运行人员的同意,并在其协助下操作	
7	工作人员在皮带上进行人工采取煤样时,站在顺煤流的方向取煤样,应属于行为违章	**国标《安规》(热力和机械部分)** 12.2.6 如不得已在皮带上人工取样时,工作人员应扎好袖口,站在栏杆外面,握紧铁锹,并逆煤流的方向取煤样	(1)应采用机械自动取样机采取煤样。一般不宜在运行的皮带上人工取样。 (2)特殊情况工作人员在皮带上人工采取时,工作人员应扎好袖口,站在栏杆外面,握紧铁锹,并逆煤流的方向取煤样
8	工作人员上煤车取煤样时,没有事先经燃料值班人员同意,应属于行为违章	**国标《安规》(热力和机械部分)** 12.2.7 上煤车取煤样时,应事先经燃料值班人员同意,并确定煤车在取样期间不会移动,才可上煤车取煤样,不应在运行的皮带上人工取样	

293

续表

序号	违章内容	《安规》条文对照	防范措施
9	装卸水处理药品的工作人员工作时没有穿工作服，没有戴防护眼镜，应属于行为违章	**国标《安规》（热力和机械部分）** 12.3.2 使用和装卸水处理药品的工作人员，工作时应穿工作服，戴防护眼镜、口罩、手套，穿橡胶靴	（1）使用和装卸水处理药品的工作人员，应熟悉药品的特性和操作方法。 （2）使用和装卸水处理药品的工作人员在工作时应穿工作服，戴防护眼镜、口罩、手套，穿橡胶靴。 （3）在露天装卸水处理药品时，应站在上风处，防止吸入飞扬的药品粉末
10	撒落在地面上的漂白粉工作人员没有立即清除干净，应属于行为违章	**国标《安规》（热力和机械部分）** 12.3.5 不应将装过漂白粉的空桶放在厂房内。撒落在地面上的漂白粉应立即清除干净	
11	搬运和使用浓酸或强碱性药品时工作人员工作没有戴口罩、橡胶手套，应属于行为违章	**国标《安规》（热力和机械部分）** 12.4.2 搬运和使用浓酸或强碱性药品的工作人员，应熟悉药品的性质及操作方法；并根据工作需要戴口罩、橡胶手套及防护眼镜，穿橡胶围裙及长筒胶靴（裤脚应放在靴外）。工作负责人应检查防护设备是否合适	
12	当浓酸倾撒在室内时，工作人员没有用碱中和，而是用水冲洗，应属于行为违章	**国标《安规》（热力和机械部分）** 12.4.9 当浓酸倾撒在室内时，应先用碱中和，再用水冲洗，或先用泥土吸收，扫除后再用水冲洗	

序号	违章内容	《安规》条文对照	防范措施
13	拆卸加氯机时，检修人员没有站在上风位置，应属于行为违章	**国标《安规》（热力和机械部分）** 12.6.6　拆卸加氯机时，检修人员应尽可能站在上风位置，如感到身体不适时，应立即离开现场，到空气流通地方休息	
14	进行酸碱系统检修工作时，工作人员没有穿防酸碱工作服，没有戴橡胶手套，应属于行为违章	**国标《安规》（热力和机械部分）** 12.7.2.4　进行酸碱系统检修工作时，工作人员应穿防酸碱工作服、胶鞋、戴橡胶手套、防护眼镜、呼吸器等必要安全劳动保护用品	

第八节　电焊和气焊违章

序号	违章内容	《安规》条文对照	防范措施
1	工作人员在油管道上进行焊接未办理动火工作票，应属于行为违章		
2	工作人员在易燃物品上进行焊接，应属于行为违章	**国标《安规》（热力和机械部分）** 14.1.5　禁止在装有易燃物品的容器上或在油漆未干的结构或其他物体上进行焊接	

续表

序号	违章内容	《安规》条文对照	防范措施
3	工作人员在重要设备上方进行焊接时，下方没有监护人，应属于行为违章		
4	工作人员在进行焊接工作前未对周围易燃物进行清理，应属于行为违章		
5	工作人员在进行切割工作前未对周围易燃物进行清理，应属于行为违章		
6	随意在带压和带电的设备上进行焊接，应属于行为违章	**国标《安规》（热力和机械部分）** 14.1.4 不准在带有压力（液体压力或气体压力）的设备上或带电的设备上进行焊接。在特殊情况下需在带压和带电的设备上进行焊接时，必须采取安全措施，并经主管生产的领导批准。对承重构架进行焊接，必须经过有关技术部门的许可	（1）不准在带有液体压力的设备上进行焊接。 （2）不准在带有气体压力的设备上焊接。 （3）不准在带有液体压力的带电的设备上进行焊接。 （4）不准在带有气体压力的带电设备上进行焊接。 （5）在特殊情况下需在带压的设备上进行焊接时，应采取安全措施，并经本单位分管生产的领导（总工程师）批准。 （6）在特殊情况下需在带电的设备上进行焊接时，应采取安全措施，并经本单位分管生产的领导（总工程师）批准。 （7）对承重构架进行焊接，应经过有关技术部门的许可

续表

序号	违章内容	《安规》条文对照	防范措施
7	在可能引起火灾的场所附近没有备有必要的消防器材，应属于行为违章	**国标《安规》（热力和机械部分）** 14.1.10 在可能引起火灾的场所附近进行焊接工作时，必须备有必要的消防器材	
8	下雨雪时，工作人员在露天进行焊接、切割工作，现场没有消防措施，应属于行为违章	**国标《安规》（热力和机械部分）** 14.1.9 下雨雪时，不宜露天进行焊接或切割工作。如必须进行焊接时，应采取防雨雪的措施	
9	风力超过5级时，工作人员在露天进行焊接、切割工作，现场没有消防措施，应属于行为违章	**国标《安规》（热力和机械部分）** 14.1.8 在风力超过5级时禁止露天进行焊接或气割。但风力在5级以下3级以上进行露天焊接或气割时，必须搭设挡风屏以防火星飞溅引起火灾	（1）在风力超过5级时，不可露天进行焊接、切割工作。 （2）如必须进行焊接或切割工作时，应采取防风措施
10	焊工不按照规定穿着进行电焊，应属于行为违章	**国标《安规》（热力和机械部分）** 14.1.2 焊工应戴防尘（电焊尘）口罩穿帆布工作服、工作鞋，戴工作帽、手套，上衣不应扎在裤子里	（1）焊工应戴防尘（电焊尘）口罩穿帆布工作服、工作鞋，戴工作帽、手套，上衣不应扎在裤子里。 （2）焊工的口袋应有遮盖，脚面应有鞋罩，以免焊接时被烧伤

续表

序号	违章内容	《安规》条文对照	防范措施
11	在密闭容器内，工作人员同时进行电焊和气焊工作，应属于行为违章	国标《安规》（热力和机械部分） 14.1.15 在密闭容器内，不准同时进行电焊及气焊工作	
12	工作人员将气焊与电焊上下交叉作业，应属于行为违章	国标《安规》（热力和机械部分） 14.1.17 气焊与电焊不应上下交叉作业	
13	露天进行电焊工作时，工作人员没有在周围设挡光屏，应属于行为违章	国标《安规》（热力和机械部分） 14.2.1 在室内或露天进行电焊工作时应在周围设挡光屏，防止弧光伤害周围人员的眼睛	
14	在潮湿地方，焊工没有站在干燥的木板上进行电焊工作，应属于行为违章	国标《安规》（热力和机械部分） 14.2.2 在潮湿地方进行电焊工作，焊工必须站在干燥的木板上，或穿橡胶绝缘鞋	
15	电焊工作所用的皮线绝缘受损，应属于行为违章	国标《安规》（热力和机械部分） 14.2.4 电焊工作所用的导线，必须使用绝缘良好的皮线。如有接头时，则应连接牢固，并包有可靠的绝缘。连接到电焊钳上的一端，至少有5m为绝缘软导线	（1）电焊工作所用的导线，必须使用绝缘良好的皮线。 （2）如果导线有接头时，则应连接牢固，并包有可靠的绝缘。 （3）连接到电焊钳上导线的一端，至少有5m为绝缘软导线

序号	违章内容	《安规》条文对照	防范措施
16	两台焊机共用一个电源开关，应属于行为违章	**国标《安规》（热力和机械部分）** 14.2.5　禁止多台焊机共用一个电源开关	（1）电焊机必须装有独立的专用电源开关，其容量应符合要求。 （2）电焊机超负荷时，应能自动切断电源。 （3）禁止多台焊机共用一个电源开关
17	将建筑物金属构架作为焊接电源回路，应属于行为违章	**国标《安规》（热力和机械部分）** 14.2.6　禁止连接建筑物金属构架和设备等作为焊接电源回路	
18	焊工使用的电焊钳已经不能牢固地夹住焊条，应属于行为违章	**国标《安规》（热力和机械部分）** 14.2.9　电焊钳必须符合下列基本要求： a）应牢固地夹住焊条	（1）电焊钳应牢固地夹住焊条； （2）焊条和电焊钳的接触良好； （3）更换焊条必须便利； （4）握柄必须用绝缘耐热材料制成
19	电焊工没有穿橡胶绝缘鞋就开始进行焊接工作，应属于行为违章	**国标《安规》（热力和机械部分）** 14.2.11　电焊工应备有橡胶绝缘鞋	（1）电焊工应戴镶有滤光镜的手把面罩或套头面罩、护目镜片进行电焊工作。 （2）电焊工应戴电焊手套，穿工作服进行电焊工作。 （3）电焊工应穿橡胶绝缘鞋进行电焊工作。 （4）电焊工应备有清除焊渣用的白光眼镜（防护镜）
20	电焊工更换焊条时，没有戴电焊手套，应属于行为违章	**国标《安规》（热力和机械部分）** 14.2.15　电焊工更换焊条时，必须戴电焊手套，以防触电	

续表

序号	违章内容	《安规》条文对照	防范措施
21	电焊工离开工作场所时，没有切断电源，应属于行为违章	**国标《安规》（热力和机械部分）** 14.2.20 电焊工离开工作场所时，必须切断电源	
22	工作地点，出现多个氧气瓶，应属于行为违章	**国标《安规》（热力和机械部分）** 14.4.8 在工作地点，最多只许有两个氧气瓶：一个工作，一个备用	
23	氧气瓶和乙炔气瓶的距离小于5m，应属于行为违章	**国标《安规》（热力和机械部分）** 14.4.9 使用中的氧气瓶和乙炔气瓶应垂直放置并固定起来，氧气瓶和乙炔气瓶的距离不得小于5m	
24	气瓶放在露天没有用帐篷遮蔽，应属于行为违章	**国标《安规》（热力和机械部分）** 14.4.13 安放在露天的气瓶，应用帐篷或轻便的板棚遮护，以免受到阳光暴晒	
25	焊枪点火时，先开乙炔气门，后开氧气门，且点火太慢，应属于行为违章	**国标《安规》（热力和机械部分）** 14.7.2 焊枪点火时，应先开氧气门，再开乙炔气门，立即点火，然后再调整火焰。熄火时与此操作相反，即先关乙炔气门，后关氧气门，以免回火	

第九节 消防作业违章

序号	违章内容	《安规》条文对照	防范措施
1	工作人员下班前没有检查工作现场重点防火部位，没有切断非运行设备电源，应属于行为违章		
2	工作人员在工作场所流动吸烟，应属于行为违章		(1) 严禁工作人员在蓄电池室、控制室、保护室、电力电容器、高压设备室、站用电室内吸烟，严禁工作人员在蓄电池室乱扔烟头，一经发现按照处罚规定给予当事人罚款并通报批评。 (2) 严禁工作人员在室外设备场地、电缆层内吸烟，严禁工作人员在工作场所乱扔烟头，一经发现按照处罚规定给予当事人罚款并通报批评
3	电气值班人员没有发现消防设施、器材存在隐患和问题，应属于行为违章		(1) 电气值班人员应定期巡查消防设施，如果发现消防设施存在隐患、问题时，应及时处理和报告。 (2) 电气值班人员应定期巡查消防器材，如果发现消防器材存在隐患、问题时，应及时处理和报告
4	发电厂内动用明火时不符合用火管理规定要求，应属于行为违章		

续表

序号	违章内容	《安规》条文对照	防范措施
5	发电厂防火重点部位没有明确，应属于行为违章		
6	燃油（气）区内的消防设施因管理不善，造成损坏，应属于行为违章	国标《安规》（热力和机械部分） 6.1.6 燃油（气）区内应有符合消防要求的消防设施，必须备有足够的消防器材，并经常处在完好的备用状态。燃油（气）区宜安装在线消防报警装置	
7	人员将火种带入蓄电池室，应属于行为违章		（1）严禁工作人员将火种带入蓄电池室内。 （2）严禁电气值班人员将火种带入蓄电池室内。 （3）严禁管理人员将火种带入蓄电池室内。 （4）当蓄电池室发生火灾时，电气值班人员要采用二氧化碳灭火器和干粉灭火器灭火
8	电气值班人员对发电厂消防器材进行检查，发现不合格的消防器材没有及时上报、更换，应属于行为违章		
9	储煤场没有配备消防设备，应属于行为违章	国标《安规》（热力和机械部分） 5.3.1 储煤场应有良好的照明、排水沟和消防设备，消防车辆的通路应畅通	

续表

序号	违章内容	《安规》条文对照	防范措施
10	易燃物品未专库存放，未专人管理，应属于行为违章		(1) 易燃、易爆物品要按照专库存放。 (2) 易燃、易爆物品要设专人管理。 (3) 易燃、易爆物品要按照规定储运。 (4) 易燃、易爆物品要按照规定使用
11	工作人员私自挪用、拆除、停用消防设施和消防器材，应属于行为违章		(1) 工作人员不得私自挪用消防设施、消防器材。 (2) 工作人员不得私自拆除消防设施、消防器材。 (3) 工作人员不得停用消防设施、消防器材
12	炸药和雷管储存在一起，且没有设专人保管，应属于行为违章	**国标《安规》（热力和机械部分）** 17.4.2 炸药和雷管必须分别储存和携带，不应和易燃物放在一起，应设专人管理。储存地点，必须取得当地公安部门的同意。携带时，应放在专用的背包内，禁止将炸药和雷管放在衣兜里或揣在怀内	(1) 炸药和雷管必须分别储存。 (2) 炸药和雷管必须分别携带。 (3) 炸药、雷管必须设专人保管，必须要账、卡、物相符，其他人严禁进入炸药存放地点。 (4) 炸药、雷管存放地点应有防火标志。 (5) 炸药、雷管存放地点应远离火源
13	生产厂房及仓库没有备有必要的消防设施，应属于行为违章	**国标《安规》（热力和机械部分）** 3.2.18 生产厂房及仓库应备有必要的消防设施和消防防护装备，如：消防栓、水龙带、灭火器、砂箱、石棉布和其他消防工具以及正压式消防空气呼吸器等。消防设施和防护装备应定期检查和试验，保证随时可用。严禁将消防工具移作他用；严禁放置杂物妨碍消防设施、工具的使用	

303

续表

序号	违章内容	《安规》条文对照	防范措施
14	电气值班人员没有及时清除发电厂内存放的可燃物，引发火灾，应属于行为违章		电气值班人员应及时清除发电厂内杂草、木材、纸箱、树叶、可燃物，防止火灾发生
15	储存气瓶仓库周围 10m 距离以内，堆置可燃物品，应属于行为违章	**国标《安规》（热力和机械部分）** 4.3.3 储存气瓶仓库周围 10m 距离以内，不准堆置可燃物品，不准进行锻造、焊接等明火工作，并禁止吸烟	
16	设备检修工作结束后，工作人员没有及时清理现场，消除火灾隐患，应属于行为违章		
17	电气值班人员私自挪用、拆除、停用消防设施和消防器材，应属于行为违章		电气值班人员不得私自挪用、拆除、停用消防设施、消防器材
18	车库内没有消防器材，应属于行为违章	**国标《安规》（热力和机械部分）** 16.6.2 机动车停车场或车库内禁止存放汽油及易燃物品并禁止吸烟，应备有足够的消防器材。动火检修后应全面检查，不应遗留火种	
19	电气值班人员将易爆危险物品私自带入发电厂内，应属于行为违章		

续表

序号	违章内容	《安规》条文对照	防范措施
20	电气值班人员将易燃危险物品私自带入发电厂内,应属于行为违章		

第十节 动火工作违章

序号	违章内容	《安规》条文对照	防范措施
1	动火工作票签发不正确,应属于行为违章		(1) 动火工作票可以由动火工作负责人填写。 (2) 动火工作票的审批人不得签发动火工作票。 (3) 动火工作票签发人不得兼任该项工作的负责人。 (4) 消防监护人员不得签发动火工作票。 (5) 动火工作票必须由工作票签发人签发
2	动火工作票一式三份全部由动火执行人收执,应属于行为违章		动火工作票一般至少一式三份,一份由动火工作负责人收执、一份由动火执行人收执、一份保存在公司(厂)消防管理职能部门
3	现场进行动火作业的,没有使用动火工作票,应属于行为违章	**国标《安规》(热力和机械部分)** 4.1.8 现场进行动火作业的,应根据消防规程的相关规定,同时使用动火工作票	

续表

序号	违章内容	《安规》条文对照	防范措施
4	燃油设备检修需要动火时，应办理动火工作票，应属于行为违章	**国标《安规》（热力和机械部分）** 6.4.4 燃油设备检修需要动火时，应办理动火工作票。动火工作票的内容应包括动火地点、时间、工作负责人、监护人、审核人、批准人、安全措施等项。发电企业应明确规定动火工作的批准权限	
5	动火工作结束后，监护人没有检查现场，工作现场仍遗留火源，应属于行为违章	**国标《安规》（热力和机械部分）** 6.4.5 动火工作必须有监护人。监护人应熟知设备系统、防火要求及消防方法。其职责是： a) 检查防火措施的可靠性，并监督执行； b) 在出现不安全情况时，有权制止动火； c) 动火工作结束后检查现场，做到不遗留任何火源	
6	工作人员在没有将拆下的管子冲洗干净，就在油管上进行焊接，应属于行为违章	**国标《安规》（热力和机械部分）** 6.4.6 检修油管道时，必须做好防火措施。禁止在油管道上进行焊接工作。在拆下的油管上进行焊接时，必须事先将管子冲洗干净	

序号	违章内容	《安规》条文对照	防范措施
7	工作人员在油区进行电、火焊作业时，电、火焊设备没有停放在指定地点，应属于行为违章	**国标《安规》（热力和机械部分）** 6.4.7 在油区进行电、火焊作业时，电、火焊设备均应停放在指定地点	(1) 在油区进行电、火焊作业时，电、火焊设备均应停放在指定地点。 (2) 不准使用漏电、漏气的设备。 (3) 相线和接地线均应完整、牢固，禁止用铁棒等物代替接地线和固定接地点。 (4) 电焊机的接地线应接在被焊接的设备上，接地点应靠近焊接处，不准采用远距离接地回路
8	在燃机系统及其附近进行明火作业时没有办理动火工作票，应属于行为违章	**国标《安规》（热力和机械部分）** 6.5.3 在燃机系统及其附近进行明火作业或做可能产生火花的工作，必须办理动火工作票。应事先经过可燃气体含量测定	
9	储氨罐动火检修时，没有使用动火工作票，应属于行为违章	**国标《安规》（热力和机械部分）** 9.7.25 储氨罐、以氨为介质的设备、氨输送管道及阀门等动火检修时，必须使用动火工作票。在检修前必须做好可靠的隔绝措施，并对设备管道等用惰性气体进行充分的置换，经检测合格后方可动火检修	
10	工作人员在空冷塔内明火作业没有办理动火工作票，应属于行为违章	**国标《安规》（热力和机械部分）** 10.6.15 空冷塔内消防设施应齐全，在空冷塔内明火作业必须办理动火工作票	

续表

序号	违章内容	《安规》条文对照	防范措施
11	工作人员在制氢间进行动火作业时，没有办理动火工作票，应属于行为违章	**国标《安规》（热力和机械部分）** 12.7.6.3 制氢设备检修时，必须将设备可靠停止，充分冲洗干净，排出系统残存的氢气和氯气。在制氢间进行动火作业时，必须办理动火工作票	
12	工作人员在通气的橡胶软管上方进行动火作业，应属于行为违章	**国标《安规》（热力和机械部分）** 14.6.6 通气的橡胶软管上方禁止进行动火作业，以防火灾	
13	车库内动火检修后工作人员没有进行全面检查，工作现场仍遗留火种，应属于行为违章	**国标《安规》（热力和机械部分）** 16.6.2 机动车停车场或车库内禁止存放汽油及易燃物品并禁止吸烟，应备有足够的消防器材。动火检修后应全面检查，不应遗留火种	
14	动火执行人没有取得政府相关部门颁发的特种作业上岗证就开展动火作业，应属于行为违章		动火执行人必须是持有政府相关部门颁发的特种作业上岗证的电气焊人员方可进行焊接、切割作业，使用电钻、砂轮、喷灯工作
15	动火工作票签发人在填写动火工作票时，作业内容和方式不具体、不正确，应属于行为违章		（1）动火工作票签发人必须将焊接、切割方式及作业内容填入动火工作票中。 （2）动火工作票签发人应将使用喷灯电钻砂轮方式及作业内容填入动火工作票中

序号	违章内容	《安规》条文对照	防范措施
16	一级动火工作票的有效期为 24h，动火作业超过有效期限后，没有重新办理动火工作票，应属于行为违章		
17	如果动火工作与运行单位有关，应提前一天通过传真或电子邮件送达运行值班单位，如果没有提前一天通知运行值班单位，应属于行为违章		
18	在动火工作票"采取的安全措施"栏填写的内容与实际不符，应属于行为违章		
19	在动火工作票上填写的消防器材的使用与实际不符，应属于行为违章		
20	在动火工作票上填写的动火作业方法与程序与实际不符，应属于行为违章		
21	在动火工作票上填写的材料及工器具管理与实际不符，应属于行为违章		
22	在动火工作票上填写的消除残留火种与实际不符，应属于行为违章		

续表

序号	违章内容	《安规》条文对照	防范措施
23	在动火工作票上填写的气瓶的使用与实际不符，应属于行为违章		
24	在动火工作票上填写的工作人员监护与实际不符，应属于行为违章		
25	外单位实施的动火作业，如果只有动火单位或设备运行管理单位其中的一方签发工作票，应属于行为违章		外单位实施的动火作业，应该由动火单位和设备运行管理单位实行"双签发"，即由动火作业方签发工作票后，再由设备运行管理方签发
26	动火工作时，动火部门负责人或技术负责人不在现场监护，应属于行为违章		
27	遇有风力达5级以上的露天作业、易燃易爆物品的容器未清理干净、喷漆现场等情况进行动火作业，应属于行为违章		(1) 压力容器或管道未泄压前禁止动火。 (2) 存放易燃易爆物品的容器未清理干净前禁止动火。 (3) 风力达5级以上的露天作业禁止动火。 (4) 喷漆现场禁止动火。 (5) 遇有火险异常情况未查明原因和消除前禁止动火
28	运行许可人没有在动火工作负责人签名后就在工作票上签名并填写许可时间允许开工，应属于行为违章		

序号	违章内容	《安规》条文对照	防范措施
29	首次动火时，工作人员应测定可燃气体或易燃液体含量是否合格，就开始进行动火作业，应属于行为违章		(1) 首次动火时，各级审批人和动火工作票签发人必须到现场检查防火安全措施是否正确完备。 (2) 首次动火时，工作人员应测定可燃气体、易燃气体的可燃气体含量是否合格，并在监护人的监护下做明火试验，确无问题后方可动火
30	动火工作没有全部完毕就在动火工作票上签名终结工作票，应属于行为违章		动火工作票终结的条件必须同时满足以下内容： (1) 动火执行人确认动火工作全部完毕、无问题后在工作票上手工签名。 (2) 消防监护人员确认动火工作全部完毕、无问题后在工作票上手工签名。 (3) 动火工作负责人确认动火工作全部完毕、无问题后在工作票上手工签名。 (4) 动火运行许可人确认动火工作全部完毕、无问题后在工作票上手工签名